エクセル業務改善の女神

仕事が劇的に変わるマクロプログラミング

大村あつし 著

技術評論社

本書をお読みいただく前に

- 本書内の操作を体験できるサンプルファイルを以下のURLのサポートページからダウンロードすることができます。

  https://gihyo.jp/book/2025/978-4-297-14872-0

- 本書に記載された内容は、情報の提供のみを目的としています。したがって、本書を用いた運用は、必ずお客様自身の責任と判断によって行ってください。これらの情報の運用の結果について、技術評論社および著者はいかなる責任も負いません。

たとえ人生が真っ暗でも、必ず光はさしている。
それがボクにとってはエクセルのマクロだった。
しかし、二人の女性の存在は
ボクには眩し過ぎたのかもしれない——。

目次

第1章

女神との出会い、そして、マクロとVBA

01

薄汚れたアスファルトに瞬く間に染みが広がっていく。ボクは慌てて交差点を左折し、すぐそばにあるコンビニの屋根の下に潜り込んだ。店内では店員がここぞとばかりにビニール傘を入口間際に陳列し始めている。

ボクの自宅アパートは、くだんの交差点を右折して徒歩十分ほどの場所にある。今の場所に居を構えて三年になるが、交差点を左折したのは初めてのことだった。自宅アパートのすぐ近くにもコンビニがあるため、これまで交差点を左折する選択肢はなかった。だが、一日の勤めを締める意味合いで、その交差点で後方に見える最寄り駅の写真を撮ってＳＮＳにアップすることはしばしばあった。

〈さて、無駄金にはなるけどビニール傘を買うしかないな〉

ボクは空を見上げながら胸中で呟くと視線をおろした。そのとき、若干の違和を伴う光景に接した。目の前には小道を挟んで古びた木造の一軒家があり、その窓から若い女性が手招きをしていた。

〈へぇー。こんな場所に家があったんだ。ってそれより、あの人、誰に向かって手招きをしてるんだ？〉

怪訝に思ったボクが自分の胸元を指さしてみると、彼女が大きくうなづくのが見えた。

〈何か困っているのか、あの人。いずれにしても無視できないな。しかたない。少し濡れちゃうけど傘をさす距離でもないしあの家までダッシュだ〉

ボクが玄関に到着するとすぐにドアが開いた。そこには手招きをしていた彼女がタオルを持って立っていた。

「あら、あなた、濡れてるじゃない。おほほ」

何が楽しいのか、女性の気高く上品な笑い声に接して、ボクの頭の中で爆竹が鳴った。雨に濡れたのはこの女の責任である。

「何を笑っているん……」

しかし、ボクの抗議はそこで止まった。彼女は、目を疑うほどの美人だった。肩の位置よりも若干長いダークブラウンのストレートなセミロング。クラシックレッドのリップが映える薄い唇。大きな瞳にくっきりとした二重瞼が透けるような白い顔の上にバランス良く配置されている。目線を下に移すと、黒いセーターが押し上げられた上半身が視界に飛び込んでくる。白いミニスカートからのぞく適度に肉感的な太ももと引き締まった足首の生の脚とその立ち姿を見るに、身長は百六十七センチくらいありそうだ。まるで、グラビアアイドルとモデルの良いとこ取りをしたかのような理想的なプロポーションに、ボクの怒りは頭の中でくぐもっていた爆竹の煙の中に掻き消えた。

「ほら、このタオルをお使いなさい」

ボクは、彼女が差し出した純白のタオルに手を伸ばしながら謝意と疑問を差し出した。

「ありがとうございます。それで、どうしたんですか？」

「どうした、って何がかしら？」

「いえ、ボクに手招きをしていましたよね」

「あー。あれは、わたくしが手招きをしたらこの雨の中でも男は駆け寄るのかの実験よ。おかげでいいデータが取れたわ。おほほ」

この一言に温厚なボクもさすがにキレた。

「実験って……。随分と高尚な趣味をお持ちですね」

〈おいおい。俺は怒っているのに何を上品な抗弁をしてるんだ〉

「まぁ、そう興奮なさらずに、まずはこのタオルであなたの頭髪をお拭きになって。なんなら匂いを嗅いでもよくてよ。わたくしの使用済みタオルだから。うふふ」

〈駄目だ。この人、どうにも調子が狂う。いずれにしても頭だけは拭こう。スーツはさほど濡れてないからいいとするか。匂いは……。か、嗅ぐわけないだろ〉

タオルを受け取ると、彼女はボクの全身を見て言った。

「結構、背が高くていらっしゃるのね。百八十センチくらいかしら。喜びなさい。わたくし、高身長な殿方は嫌いではなくてよ。うふふ。それより、お上がりになって」

〈まったく、どこまで上から目線なんだ、この人は。それよりも、初対面の人に言いにくいがこの人の話し言葉、なんとかならないか〉

「あの、あなたの話し言葉、上品なんだか上から目線なんだかわからなくて逆にテンポに乗れません」

「ごめんなさい。ちょっとそういうモード、じゃなくてムードだったから。それより、早くして。温かいコーヒーでも淹れてあげるよ」

「あ、はい。ありがとうございます」

もはや、完全に女性のペースであった。

彼女がコーヒーを淹れている間、ボクは今日の会社での「事件」を思い出していた。

三年前、ボクは全国展開しているファミレスを中心に多くの外食店を顧客に持つ大手のヨビト商事に前途洋々と入社した。最初に与えられた業務は、海外からの食材の調達だった。補佐業務ではあったが充実した日々であった。しかし、今年の四月の人事異動で同期入社の同僚二人とともに第三営業部に配属となり、新規ファミレスの開拓を任された。

ほかの二人はそれなりの成績を残していた。黒空酷斗（くろぞらこくと）は一社、新規のファミレスチェーンとの契約の成立がほぼ確定し、喜多山（きたやま）まりんにいたっては、現在四社目のファミレスチェーンを開拓中だ。何を隠そう、まりんはボクの憧れであり、頭から離れることのないほどの勢いで片思いの真っ最中だ。

ところが、ボクはこの四ヵ月間でまだ一社も新規開拓できていなかった。比較的攻めやすい中堅どころの外食店すら契約を取り付けられずにいた。もはや、開拓できる見込みすらなかった。

そして、今日、部長の白雲鈍太（しらくもどんた）に衆人環視の中、罵声を浴びせられた。

「おい、佐々木（ささき）！　佐々木雄一郎（ゆういちろう）！　いや、お前なんか名前で呼ぶ気にもならん。この給料泥棒！　この際、営業でなくてもいい。業務改善でもいい。とにかく結果を出せ。なにかしらの形で会社に貢献するんだ！」

もはや立派なパワハラだがボクは二の句が継げなかった。給料泥棒とまで言われても返す言葉がなかった。ましてや、白雲の鬼の形相を見返す度胸などあろうはずもない。

「わかったか、給料泥棒！」

白雲は、じっとうつむくボクにたたみかけてきた。ボクは、恐る恐る頭を上げると声を引き絞った。

「わかりました。部長」

そのときだった。一瞬、前のデスクのまりんと目が合った。まりんは、軽蔑と憐れみが混在したような瞳でボクを見るとすぐに目をそらした。

その瞬間、ボクは悟った。まりんに嫌われたと。

その後、ボクはＳＮＳに書き込んだ。

自分の部下を「給料泥棒」と蔑（さげす）む部長。完全なコンプラ案件だが、ここまで言われるとコンプライアンス部に相談する気も起きない。もし部長がそこまで計算してるなら相当な策士だ。俺が勝てる相手じゃない。くそったれ！

ボクは、書き込んだあとにため息を吐いた。

〈最近こんなのばっかだなあ〉

改めて自分のタイムラインを見てみると、愚痴と、似たような風景の写真ばかりだ。それがすっかり日課になってしまっていることに気づき、自分のアカウントのアイコンに向かって自嘲気味に笑った。


「何を難しい顔をしてるの?」

その声で顔を上げるとコーヒーカップを一つだけ載せたトレーを持って彼女が立っていた。

「あ、いや。別になんでもないです」

「それより、隣、いい?　って、アタシのソファーなんだけどね」

居間を見渡すと、ソファーは今ボクが座っている一つしかない。

「あ、ボク、立ちますから。どうぞ座ってください」

「いいよ、遠慮しなくても」

言って、彼女はボクの隣に腰かけてコーヒーをガラステーブルに置いた。そのテーブルには電源の入ったシルバーのノートパソコンが置かれており、画面にはアルファベットの羅列とも言うべきエディタが映っている。さっぱり意味はわからないが、何かのプログラムのコードであることはすぐに理解した。

〈この人、プログラマーか?　って、それよりこの状況やっぱりおかしいだろう。初対面の二人がソファーで隣り合って……〉

「あの……、自己紹介しませんか？　ボク、佐々木といいます。ヨビト商事に勤める二十五歳です」

「へえ、アタシと同い年ね。アタシは江頭陽菜（えがしらひな）。ちなみに、現在の時刻は2:50じゃないけど」

さして面白いジョークでもなかったが、陽菜が続けた。

「これからは遠慮なさらずに『ヒナ』とお呼びになって」

「いえ、さすがに呼び捨ては……。しかも、下の名前で……」

「あら、わたくしの言いつけが守れないのかしら？」

「はい、はい。わかりました。『ヒナ』ですね。じゃあ、同い年なんだから敬語もいりませんよね。ヒナはコーヒー、飲まないの？」

「そう、その調子。うん、アタシはコーヒーというかカフェイン全般が苦手で。それより、さっき難しい顔で考えていたこと話してもらえない？」

ボクは、今日、会社で部長にひどい叱責を受けたことを陽菜に伝えた。もちろん、喜多山まりんに嫌われただの、その鬱憤をＳＮＳで晴らしたなんてことは伏せた。初対面の人に話すことではない。

「ふーん。そうね。入社三年目といったら社内で優劣がつき始める頃だもんね。それに、『蝿（はえ）にもなれないウジ虫野郎』と部長に叱責されたらさすがにハートブレイクだよね。佐々木さんがあえて雨に打たれたくなる気持ちもわかるよ。アタシだったら恥ずかしさのあまりコーヒーと言わずあらゆる飲み物が喉を通らないよ」

「誰が『ウジ虫野郎』なの！　ボクが言われたのは『給料泥棒』だよ。って、誰が『給料泥棒』だよ。ボク、『給料泥棒』じゃないから」

「あれ、壊れちゃった？　ここまで支離滅裂な日本語は初めて聞いた」

「自分でも何を言ってるかわからなくなってきたよ。それより何？　俺がコーヒー飲んじゃいけないの？　それに、俺が雨に打たれたのはヒナが手招きしたからでしょう！」

無意識に「ボク」ではなく「俺」になっていた。

「それより佐々木さん。その『白雲鈍太』という部長、年はいくつ？」

「さあ。五十代半ばじゃない」

「ふーん。これはあくまでもアタシの勘だけど、白雲部長は生え抜きではないのでは？　苦楽を共にした生え抜きは会社や部下に愛着があるから、普通はそういう叱り方はしないと思うんだよね」

「ヒナ、鋭いね。彼は二年前に金融業界の最大手、フィールドヴィレッジ証券からヘッドハンティングされてきた人だよ」

「ふむふむ。それはともかく、今のあなたの話を聞く限り、十分に挽回の余地はありそうね」

「挽回？　無理、無理。俺に新規開拓なんてできないよ」

「確かに、あなたに新規開拓は無理そうね。おーほっほ」

「だーかーらー、なんで笑ってるの！　さすがの俺も怒るよ」

「え！　怒るって……。密室でソファーに二人きりのこの状況で。さ、佐々木さん……。お願い！　後生だからそれだけは……」

「ない、ない。それはないから。どんな想像してるの！」

「まったく、脅かさないでよ」

陽菜がボクの頭を小突く。

「いてぇ」

『『いてぇ』じゃなくて佐々木さん。ちょっと聞くわ。あなた、ビートルズは知ってる？」

「そりゃあ、知らない人はいないでしょう。ビートルズといえば、イエスタデイ、ヘイ・ジュード、レット・イット・ビーでしょう？」

陽菜は頭を抱えた。

「はあー。やっぱり、下々のサラリーマンは所詮はその程度の知識かぁ。いい。ビートルズは自分たちでレコード会社を設立したんだけどうまくはいかなかったんだよ」

「それは、ビートルズはミュージシャンだもん」

「じゃあ、佐々木さん。スティーブ・ジョブズは知ってる？」

「ヒナ。いい加減、怒るよ。スティーブ・ジョブズを知らずにサラリーマンが務まる？　俺の会社はＭａｃじゃなくてウィンドウズだけど毎日、マイクロソフトのエクセルやワードを使ってるよ」

「では、そんな博識の佐々木さんにお聞きします。もし、スティーブ・ジョブズがミュージシャンだったら成功したかしら?」

「いや、あまりスティーブ・ジョブズの歌は聴きたくないかな」

「そこよ」

「そこ?」

「そう。かたやビートルズは、会社経営の才能はなかったけど、音楽のジャンルで歴史に名を残したよね。かたやスティーブ・ジョブズは、経営者として後世に語り継がれる偉人でしょ。要するに、人間には得手・不得手があるの。そして、自分が一番輝ける環境がある。ひょっとしたら、あなたが輝けるのは前線で勝負する営業ではなく、補佐業務のほうじゃなくて?」

この一言にはドキッとした。誰よりも、ボク自身がそう思っていたからだ。実際に、営業部に異動になる前の二年間は補佐業務ではあったが、ボクはきっちりと結果を残していた。

「しかも、さらにラッキーなことに、白雲部長は業務改善でもいいから結果を出せと言ったわけよね。それなら、そこで結果を出したらどう? もしかしたら、そここそがあなたが一番輝けるステージなのかもしれないよ。うふふ」

一番輝けるステージ。確かに、補佐業務なら頑張れるかもしれない。だけど、一体何をどう頑張れば結果を出せるのか……。

02

ボクがコーヒーを飲んでいる姿を見ながら陽菜が口を開いた。

「さっき、エクセルを毎日使っているって言ってたわね」

「うん」

「じゃあ、マクロは使ってるのかな？」

「いや。俺の大学の専攻はミクロ経済だから」

「はぁー。その調子じゃ、部署内でエクセルのマクロがわかる人間は一人もいないようね。でも喜びなさい、佐々木さん。完全に形勢が逆転したわ。ついにあなたの時代が来たのよ！」

「いや、俺のモテ期は中学時代で終わってるよ。それに、白雲部長にあそこまで嫌われちゃーね。あー、人生、お先真っ暗だー」

「でも、その暗闇の中に光が見えない？」

「光？」

「そう。『エクセルのマクロ』っていう光」

「で、一体なんなの？　その『エクセルのマクロ』っていうのは」

すると、陽菜はテーブルの上のノートパソコンに手を伸ばした。そして、何やら図を描（か）きながら語り始めた。

「エクセルを使っていると、同じような操作を繰り返し実行することがあるよね。たとえば、見積データを並べ替えて、金額を集計して、それをグラフ化して印刷する、みたいな」

「そんなこと毎日やってるよ。正直、そんなルーチンワークはエクセルが勝手にやってくれればと思ってるよ」

「それをエクセルが勝手にやってくれるの。マクロを使えばね」

「え?」

「**マクロというのは、本来は手作業で行うべきエクセルの操作を、ユーザーに代わって自動で実行してくれる非常に便利な機能のことよ**」

言いながら陽菜は、自分でワードで描いた図を指さした。(図1-01)

「え! ここの部分が全部自動化できるの!」

「そうだよ。しかも、マクロはエクセルの標準機能だから、特別なことをしなくてもすぐに使

図 1-01

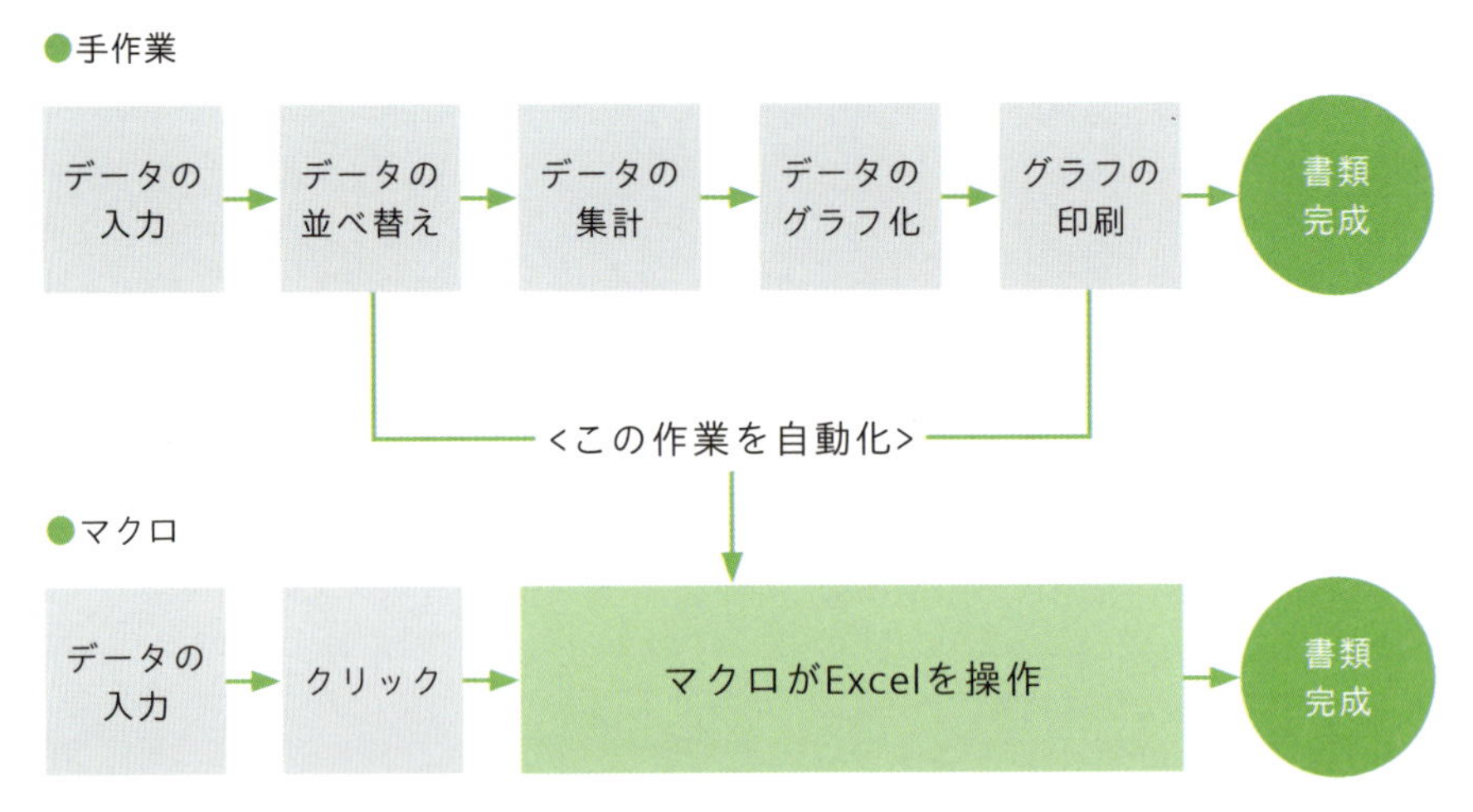

えるわ」

「知らなかった。そんな便利な機能がエクセルにあったとは。じゃあ、明日から早速使ってみようかな」

「もちろん、早速使うのは一向に構わないけど、予備知識としてVBAも教えてあげる」

「VBA?」

「そう。何事も最初が肝心なの。実はね、佐々木さんのような入門者の中には『マクロ』と『VBA』を混同してしまう人がとても多いの。だから、今度はVBAについて触れておこうか」

03

陽菜が続けた。

「マクロというのは、その正体は『プログラム』なの。ほら、今どきホームページでさえプログラムで動いているでしょう。そして、ブラウザがそのプログラムを理解してホームページを表示してるわよね」

「そうだね」

「同様に『マクロ』というプログラムをエクセルが理解して、人間の代りにエクセルの操作を自動実行してくれるという仕組みなの。そして……」

「そして？」

「プログラムである以上、なんらかの言葉で構成されている。この『マクロ』、すなわち、『エクセルが理解できるプログラム』を記述するためのプログラミング言語が『ＶＢＡ』というわけよ」

「はぁ。これは凄いことを学んだぞ」

「どう？　マクロとＶＢＡに興味は湧いた？　ちなみに『ＶＢＡ』は『Visual Basic for Applications』の略で、要するに『エクセルのために用意されたVisual Basicというプログラミング言語』ってことなんだけど、ここまではさすがに知らなくてもいいよ」

「へえ。エクセルには『ＶＢＡ』ってプログラミング言語が用意されていて、そのＶＢＡが標準で搭載されている。だからこそ『マクロ』というプログラムでエクセルの作業を自動化できるわけか」

「そのとおりよ。理解したらわたくしのことは『ヒナ』ではなく『女神様』とお呼びなさい」

「誰が女神だ！　それに『ヒナ』と呼べって言ったのはきみでしょう」

「あら。意地でも『女神様』とは呼びたくないと。じゃあ、『女王様』で我慢して差し上げるわ」

「いや、『女王様』のほうが抵抗あるわ！……。ん？」

「どうしたでござるか、ど座衛門？」

「今度は江戸時代かよ！　って、誰が水死体だよ！　いや、ふと思ったんだけどChatGPTでも活用すれば作業の自動化、できなくない？」

「ある程度はできるけど、ChatGPTで理想的なマクロを作るのは難しいよ。ChatGPTが実行できるのはPython（ぱいそん）ってプログラミング言語なんだけど、Pythonはエクセルのファイルを操作できてもエクセル本体は操作できないから。だから、Pythonでエクセルの作業を自動化しようとすると数式が壊れたり、書式が消えてなくなったりとか不便な点が多いの」

「じゃあ、ChatGPTが作るんじゃなくて、『ChatGPTに聞く』っていうのは？ ChatGPTってプログラミング言語のことも知ってるんでしょう？」

「そうね。そういう使い方ならありだけど、そもそもあなた、ChatGPTに質問する能力すらまだないじゃない」

ボクは二の句が継げなかった。

「それに、ＶＢＡの基礎知識がなければChatGPTの書いたコードの意味がわからないよ」

「確かに、ヒナの言うとおりだ。ただ、俺にＶＢＡなんてできるかな？」

「大丈夫。神様は超えられないハードルは与えない」

「神様ってヒナのことかい？」

「違うわよ。モノホンの神様よ」
<モノホンの神様って。お前、業界人か！>

「それに、マクロを覚えればあなた自身にも恩恵があるよ。実はアタシ、長年の研究によってその恩恵を数値化することに成功したの。$E=mc^2$に匹敵する美しい数式。まったくもってノーベル賞クラスの理論ね」

言って、陽菜は恍惚とした表情で胸を張った。ただでさえ豊かな胸部がさらに柔らかみと膨らみを増した。彼女の表情と姿を見たボクは当然にして興奮したが、とりあえず「理論」に逃げることにした。

「ノーベル賞クラスの理論？　それは、どんな？」

「覚悟はいい。聞いてちびらないでよ。それは、5×5理論よ。って、もうちびったの！　ソファーが汚れちゃうじゃない！」

「いや、意味がわからなくて、ちびりたくてもちびれない」

「エクセルの関数を五個以上知っていて、週に五時間以上エクセルを使う人間がマクロを覚えれば、確実に作業時間の短縮になるという理論よ」

「……。ヒナ、コーヒー、ありがとう。俺、そろそろおいとま……」

「アタシは大真面目よ」

「え？」

「いい？　エクセルの関数を五つも知っている入力作業が中心のパワーユーザーがマクロを避けて通るのは時間の無駄使い以外の何物でもないの。今風に言うとタイパは最悪ね」

この一言で帰り支度の手が止まったのは、まさしくボクが彼女の定義する入力作業が中心のパワーユーザーだったからだ。

「あとは、マクロをマスターすることで手に入れた自由時間をどう使おうがそれはあなたの自由よ。英会話を学ぶとか、ジムでフィットネスに精を出すとか。まあ、あなたのような人にとって最高に有意義な時間の使い方は、ギロッポンでキャバ嬢とヒーコーでも飲むことかしら」

「だーかーら、きみはどこの業界人なの！　今どき、業界人でも『ギロッポン』なんて言わないよ。『ザギン』ですら死語だよ。それに、キャバ嬢とアフターするためにマクロを覚えるの？　そんなお金あるわけないでしょう」

「お金なら増える。だけど、時間は減る一方よ」

陽菜の真顔がより一層鮮明になった。

確かに、陽菜の言うことにも一理ある。人生は時間によってできているのは明白な事実だ。ならば、一度きりの人生、時間は有意義に使いたい。

「もう一度聞くよ。マクロにチャレンジする気になった？」

「そうだね。まだ、なんとなくではあるけど」

「じゃあ、次に雨が降ったらここに来て」

「え？　どういう意味？　晴れの日は都合が悪いの？」

「仕事よ、仕事」

〈ヒナ、夜勤なのか。で、雨の日は休みってことは土木作業員か何かか？　いや、顔や胸で仕事

するわけじゃないけど、こんなスタイルのいい美人が夜中に外仕事って……〉

「何考えてるの？」

「あ、ああ。いや、そんなに都合良く雨が降るかなって」

「その質問の答え。もし、これからバンバンと雨が降るならアタシとあなたの出会いは運命だったってこと。そして、あなたがマクロを覚えることもね」

「でもまさか、ヒナがマクロを教えてくれるわけじゃないよね」

「その、まさかよ。あと、今日はアタシの傘を貸してあげるよ。それを返さない気？」

確かにそうだ。雨は先ほどよりも強く、もはや土砂降りだ。これではコンビニまで走るだけでもびしょ濡れになってしまう。となると、今日は陽菜に傘を借りなければ帰宅できない。その傘を返すには少なくとももう一度ここを訪れるしかない。

それに、ボクにはもはや頼れる人はいない。しかし、結果を出さなければ、遅かれ早かれ会社にはいられなくなる。現実は、家に帰ってダラダラとスマホをいじっているだけだ。六本木でキャバ嬢をアフターに誘う甲斐性もない。

ボクには失うものは何もなかった。

「どうするの。次の雨の日、来るの？　来ないの？」

「あ、ああ。迷惑でなければまた寄らせてもらうよ」

「じゃあ、二つ、忘れないようにね。一つは、あなたのノートパソコン」

「もう一つは?」

すると、陽菜はボクに手渡しながら白い歯を見せた。

「はい、この傘を使って。ユーイチロ」

陽菜は、恐らく向かいのコンビニで買ったであろうビニール傘を差し出した。

陽菜の家から自宅に向かう途中、ボクは大きな違和感と戦っていた。

〈俺、ヒナになんて自己紹介した? 「ボク、佐々木といいます」。このように言った記憶がある。

でも、別れ際、ヒナは言った。「はい、この傘を使って。ユーイチロ」。……。まぁ、考え過ぎか。

きっと「佐々木雄一郎です」と自己紹介したんだろうな〉

第2章

ノーウジェアン・ウッド、そして、マクロの記録

04

翌日の夕方、昨日と同じくボクが交差点に着いたタイミングで突然雨が降り始めた。天気予報は晴れだったので、ボクはまた傘を持たずに慌てて昨日のコンビニの屋根の下に避難した。

――じゃあ、次に雨が降ったらここに来て――

陽菜はそう言っていたが、さすがに今日の雨は想像していないだろう。すなわち、陽菜が家にいる可能性は低い。と思ったそのときだった。

〈え！　あれはヒナ！　また手招きをしてるじゃないか。ヒナはこの雨を想定して仕事を休んでいたのか？〉

なぜか胸の鼓動が高鳴った。それを静めながらボクは叫んだ。

「すぐに行くからちょっと待って！」

そして、コンビニで買い物をするとヒナの家に走った。

玄関を開けてくれた陽菜は昨日と同様にタオルを持っていた。

「まさか、今日も雨だなんて想像できなくて。はい、これ、昨日借りた傘」

その傘を見た陽菜の顔がみるみると上気した。

「これ、今、目の前のコンビニで買った傘じゃん。アタシのじゃないじゃん」

「そうだけど、ヒナもそこで買ったんだろう？　昨日貸してくれた傘」

「違うわよ！　あの傘は母の大切な形見よ」

「え！　ごめん。そんなに大切な傘だとは思わなくて。今度必ず返します！」

ボクは顔の前で両手を合わせた。

「形見どころか、先祖代々、ど座衛門が川のあちこちにプカプカと浮かんでいた時代から江頭家に伝わる……」

「ちょっと待った。江戸時代にビニール傘があったのかよ！」

「まぁ、いいわ。それより、ほらタオル。ユーイチロ、また頭濡れてるじゃない」

「ありがとう。それからついでにコンビニで軽食と飲み物を買ってきたよ」

「……。とにかく上がって」

ソファーに座ると、ボクはおにぎり、サンドイッチ、パプリカ、ポテトチップス、そして飲み物をテーブルに広げながら言った。

「ヒナ、夕ご飯は食べた？」

「うん。もう済ませた」

「そう。ヒナ、お酒はいける口？　好みがわからなかったからビールとチューハイを買って来たけど」

「アタシ、アルコールは全然駄目で」

「そう。じゃあ、コーラとオレンジジュースもあるから」

「……。ねぇ、ユーイチロ。あなた、今日ここに何しに来たの？　あ！　ひょっとして『ナニ』しに来たの！　そんな。アタシ、まだ心の準備が」

「違うよ。何しに来たって言われると……。何しに来たんだろうね、俺？」

「あなた、バカでしょう。それも『大』が付く。マクロの勉強に来たんじゃないの？」

「あ、そうだった。その前にこれだけ食べてもいいかな。運よく売ってて」

ボクはパプリカを持ち上げた。

「アタシ、パプリカは好きよ。花のほうだけど」

「へえ。パプリカの花っておいしいんだ。パプリカって花があるんだね」

「パプリカの花を食べるわけないでしょう！　パプリカの花を見るのが好きなの。やっぱ、あなた『大』が付くバカだった。それより、今日、ノートパソコン持ってる？」

「持ってるよ。自宅で作業しようと思ってたから。傘については謝るよ。今度持って来るから」

「傘はいいから、ネットでパプリカの花を見てみなさいよ」

「そんなに奇麗なの？」

「論より証拠でしょ」

陽菜は手櫛を入れながら言った。

ネットで見ると、確かに綺麗な花だった。

〈ふーん。パプリカの花ってこんななのか。え、花言葉もあるんだ〉

すると陽菜が叫んだ。

「パプリカを食べるのも駄目！　花を見たなら、このテーブルに広げたもの片づけて」

「いや、せめて、飲みながらやろうよ」

「ユーイチロ！　マクロを甘く見ないで！　やるなら真面目にやる！」

「はいはい。じゃあ片づけるけど飲み物だけでも冷やしていいかな。冷蔵庫借りてもいい？」

「ないよ」

「え？」

「うちに冷蔵庫ないの」

言われてキッチンに視線を投げると、確かに冷蔵庫が見当たらなかった。そればかりか、レンジやトースターも見当たらない。キッチンにあるのはコーヒーのハンドドリップ用のミルとポットとフィルターなどのセット、そしてトレーと一つのコーヒーカップだけだった。

〈昨日は気づかなかったけど、この家、本当に何もないな。今座っているソファーにテーブルとテレビ。それ以外、このだだっ広いリビングには何もない。あ、向こうの壁際に小さい本棚があるけど、本は一冊しかないじゃないか〉


「シンプル・イズ・ベストよ」

「え？」

「今、ユーイチロが考えていることはお見通しだから。たとえるならば『ノーウジェアン・ウッド』ね」

「ノーウジェアン・ウッド？」

「昨日も話題に出たビートルズの名曲よ。家に帰ったら聴いて歌詞を調べてみて。それより、早くテーブルの上のもの片づけて。あなた、仕事のときも飲み食いするの？」

「ぐっ」

「それに、この家もノーウジェアン・ウッドの特注品なんだから」


「さあ、片づけたよ。じゃあ、早速ＶＢＡを教えて」

「今日はＶＢＡの勉強はしないよ」

「へ？　それじゃあマクロが作れないじゃん」

「ううん。実はＶＢＡを知らなくてもちょっとしたマクロなら作れるの。ということで、早速エクセルを起動して新規ブックを作成して」

ボクは混乱しながらも言われたとおりにした。

05

「ユーイチロ。あなたそこそこエクセルには慣れてるようだけど、エクセルのリボンをカスタマイズするにはどうしたらいいかわかる?」

「うーん。やったことはないけど、俺の経験ではエクセルの全体の設定を変えたいときには［オプション］の中にそのためのコマンドがありそうだね」

「じゃあ、自分が言ったとおりにやってみて」

ボクは、［ファイル］－［オプション］コマンドを実行した。(図 2-01)

すると、［Excelのオプション］ダイアログボッ

図 2-01

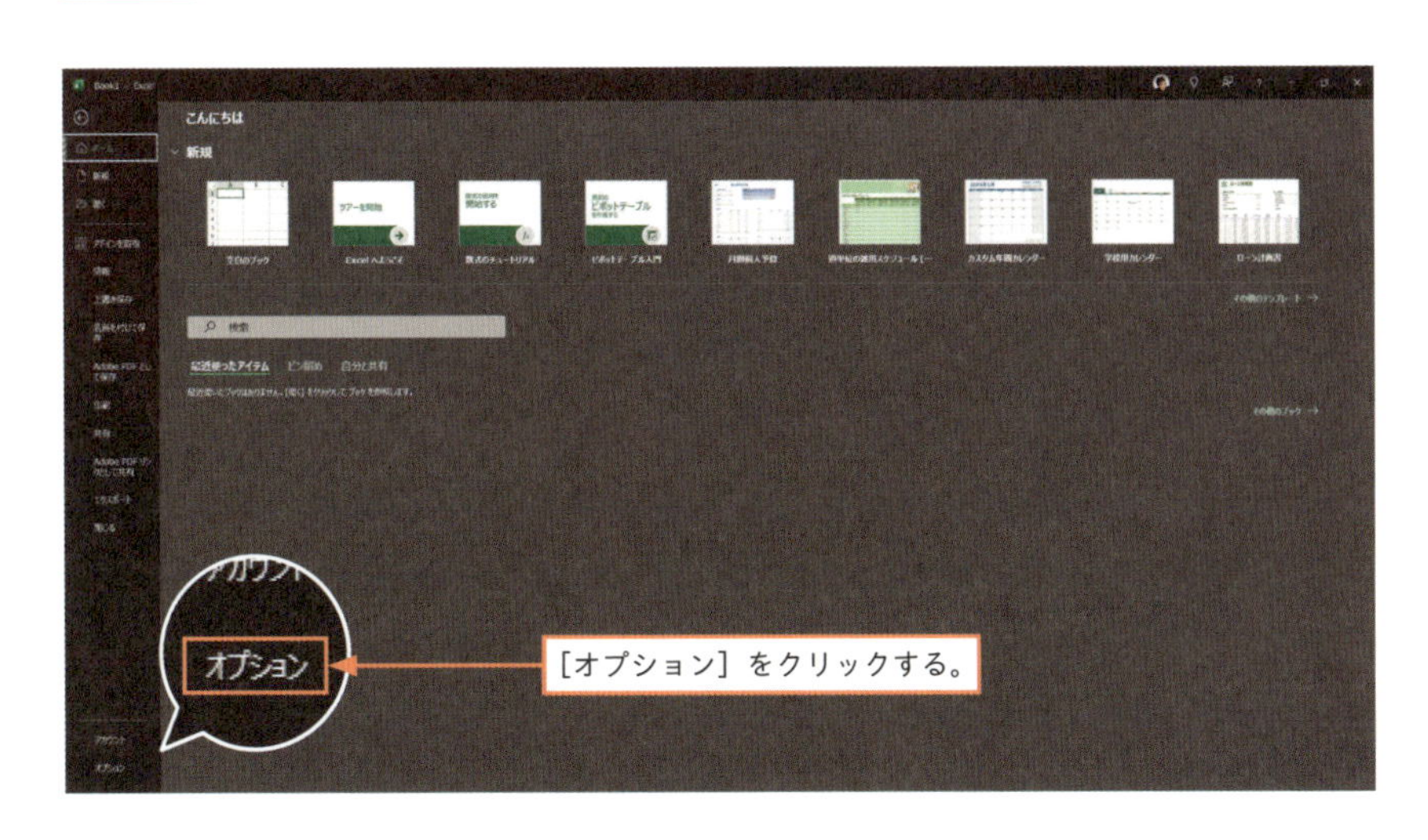

クスが表示された。

次に、ダイアログボックスの左側を見ると、［リボンのユーザー設定］というコマンドが見つかった。


〈多分、これだろう〉


ボクは、勘だけを頼りに［リボンのユーザー設定］をクリックする。

すると、突然声がした。

「そこまで自力でできれば上出来ね。そうしたら、ダイアログボックスの右側に［開発］とあるでしょう。そのチェックボックスをチェックして」

（図2-02）

ボクは、［開発］チェックボックスにチェックを入れて［ＯＫ］ボタンを押した。

すると、リボンの右側に［開発］というタブ

図 2-02

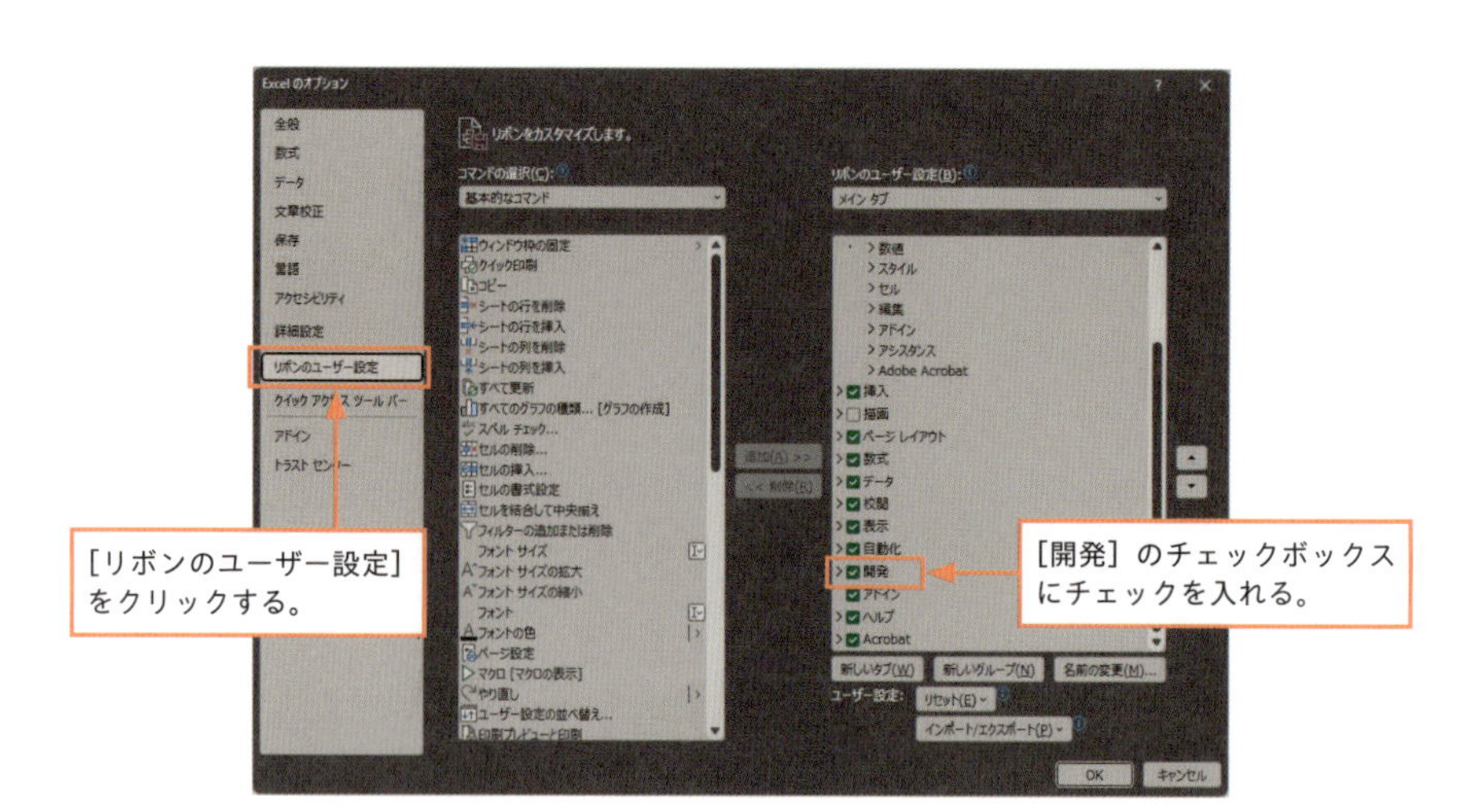

が表示された。（図2-03）
「ヒナ。ひょっとして、この［開発］タブを表示させたかったの？」
「うん、そうよ。実は、既定のタブはマクロには対応していないの。マクロの作成・編集・実行という基本操作はすべて、今表示した［開発］タブで行うのよ。これで準備完了ね。さあ、次に進むわよ」

06

陽菜が言った。
「じゃあ、今表示した［開発］タブの中の［マクロの記録］ボタンをクリックしてみて」（図2-04）
「こうかい？」

図 2-03

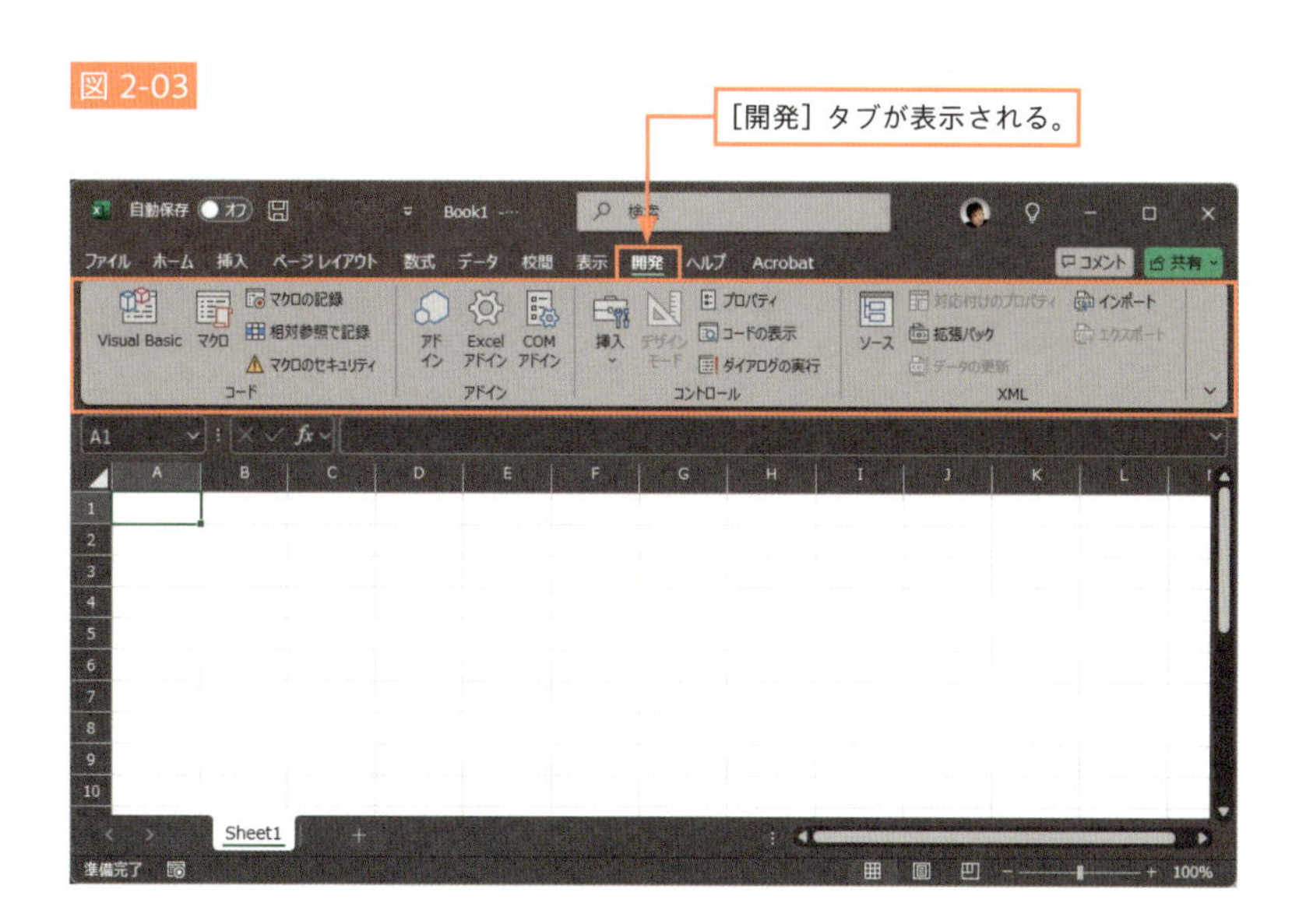

〈うん？　［マクロの記録］ダイアログボックスが表示されたぞ。どうするんだ、これ？〉（図2-04）

「そこは、［マクロの保存先］が「作業中のブック」になっていることを確認したらそのまま［OK］ボタンを押して」

言われたとおりにすると、陽菜が突然嬉しそうに手を叩いた。

「よーし。始まったよー」

「始まったって何が？」

「ちょっとうるさい。もうしばらくアタシの言うとおりになさい」

「はいはい。わかりましたよ」

「じゃあ、今度はセルB2に『こんにちは』と入力して」

図 2-04

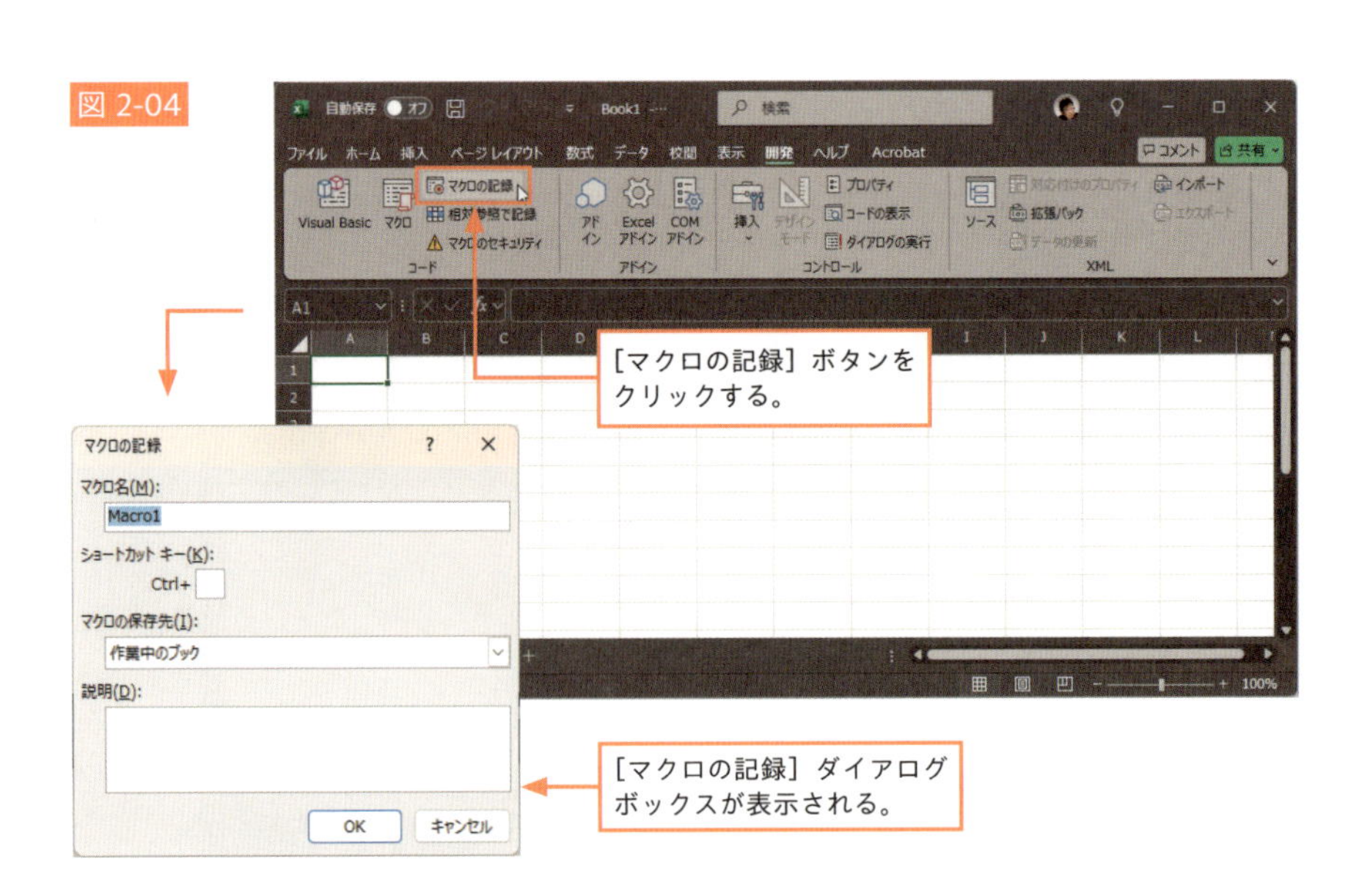

ボクは、セルB2を選択し、「こんにちは」と入力して、［Enter］キーを押した。

「よしよし。さあ、ユーイチロ。ちょっと［開発］タブを見て。何か気付かない？」

〈何か気付くかと言われても、たった今生まれて初めて［開発］タブを表示したばかりだ。まったく無茶振りもいいとこ……。ん？ なんだ、この**［記録終了］ボタン**っていうのは。さっきはなかったぞ〉（図2-05）

〈なんだ、このボタン……。しまった！ クリックしてしまった！〉

「はい、終了！」

陽菜の声が響き、さらに続いた。

「おめでとう、ユーイチロ。あなたはたった今、生まれて初めてマクロを作ったんだよ。よし、お

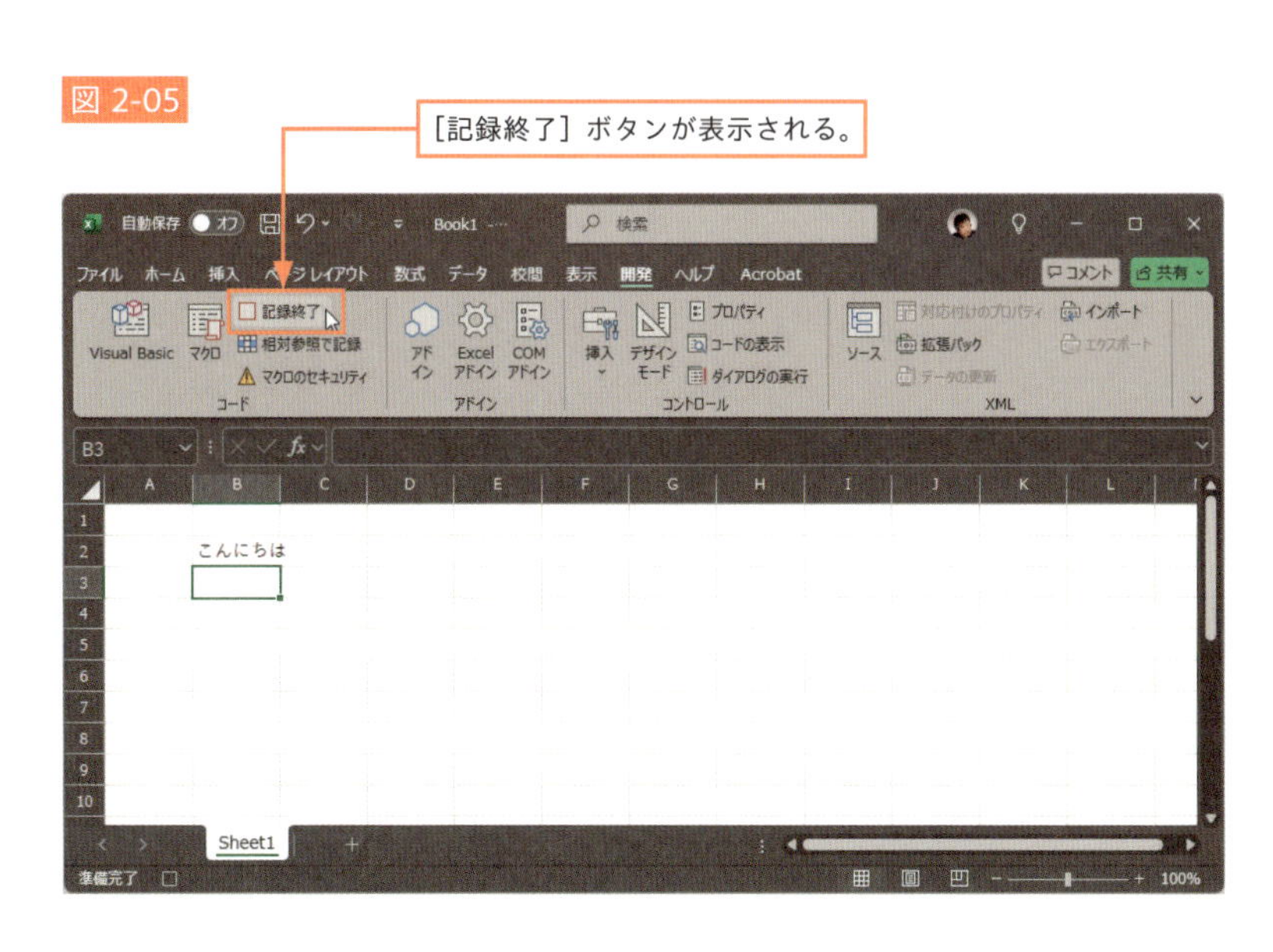

図 2-05

［記録終了］ボタンが表示される。

祝いにこのビール飲んでいいよ」

「すみません。ご馳走になります。……。って、それ俺が買ってきたビールだろ！　それより俺、マクロなんか作ってないんだけど」

「ううん、作ったのよ。その証拠はすぐに見せてあげるけど、厳密には、あなたは今、マクロを記録したの」

「マクロを記録？」

「ここは大切なポイントよ。よく聞いてね。実は、エクセルにはスマホの画面録画が画面の動きを記録するかのように、あなたが行った操作を記録してマクロに自動変換してくれる『マクロの記録』という機能があるの。そして、この『マクロの記録』機能を使えば、いとも簡単にマクロが作れるというわけよ」

「え！　そんな便利な機能がエクセルにあるの！」

「それがあるの。そして、今まさしくあなたはその『マクロの記録』でマクロを作ったというわけ。今の一連の操作で『Macro1』という名前のマクロが記録されたよ」

「マジか？　なにか、拍子抜けするほど簡単で実感が湧かないなぁ」

「それも無理はないわね。だけど、このように非常に手軽な機能だからこそ、慎重に記録しなきゃ駄目よ。マクロ記録は間違った操作までそのまま記録してしまうから」

「だけど、今は訳もわからずにのんびりと記録したけど、マクロ記録に時間をかけたら、完成したマクロの速度が遅くならない？」

「うふふ。それはないわよ。マクロの記録に要した時間と、完成したマクロの速度とは一切無関係よ。ゆっくり記録したから完成したマクロの速度まで遅くなるなんてことはないから安心して」

陽菜は言葉どおりに安心しきった顔に笑みを浮かべていたが、ボクにはまだ疑問があった。それをそのまま陽菜にぶつけた。

「ただ、今記録した操作はものすごく単純じゃない。でも、エクセルには膨大なコマンドがあるよね。一体、どの程度までマクロ記録できるの」

「エクセルの機能なら、ほとんどすべてがマクロ記録できるよ」

「マジ？　昨日ヒナが言っていた、並べ替えや集計やグラフ化や印刷なんかでも？」

「うん。それこそ、そうした機能を自動的にマクロにするためにマクロの記録機能があると言っても過言じゃないよ。だから、最初はとにかく、日常の定型操作をどんどんマクロ記録するのが肝心なの。それだけでも、かなりの作業時間の短縮になるわよ」

「こ、これは凄い……。なるほど。陽菜がＶＢＡの勉強の前にまずマクロを作らせた理由がわかったよ」

「実際にはＶＢＡは必要よ。ただ、マクロ記録も知らずにいきなりＶＢＡの勉強を始めるなんて愚の骨頂ね。多くの入門者がここの学習手順を間違えて、『ＶＢＡは難しい』とか言い出してつまづいてしまうの。マクロは水泳と一緒。理論なんて後回し。まずは、実際に泳いでみることが大切なの。そして、マクロ記録を知った今のユーイチロは、まずは第一関門を突破したってわけ」

「マクロで大切なのは、とりあえず実践してみること。たとえ一メートルでも実際に泳いでみるってことか」

「そのとおり」

07

「ユーイチロ。今度は［Alt］キーを押しながら［F11］キーを押してみて」

「え？　なんか随分とマニアックなショートカットキーだね」

言って、ボクは［Alt］＋［F11］キーを押した。

「なんだ、こりゃ？　今まで見たこともない画面が出てきたぞ」

「それが『Visual Basic Editor』と呼ばれるも

図 2-06

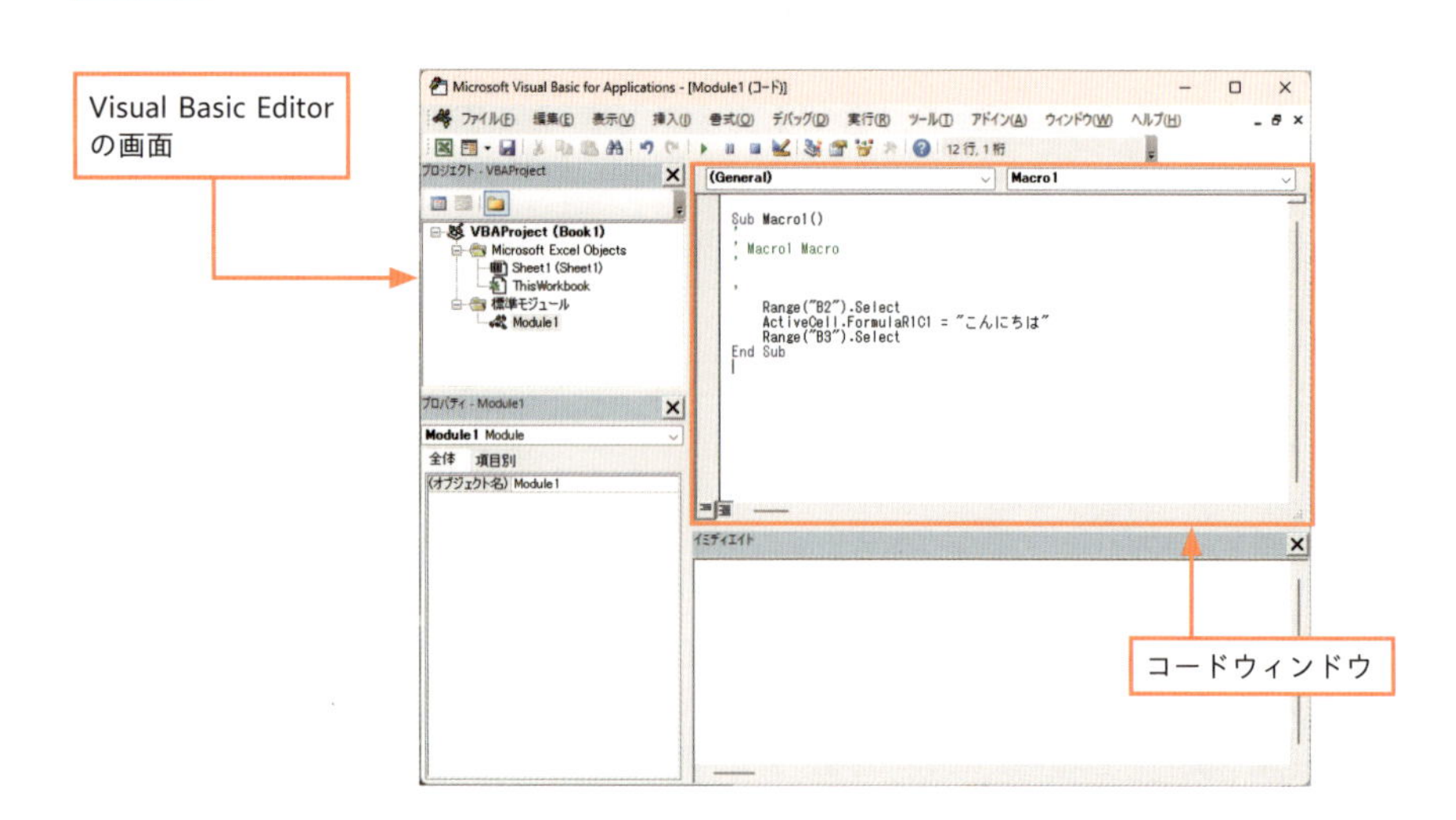

のよ。今後は通称の『VBE』と呼ぶよ。じゃあ、よく見て。さっき記録したマクロが『コードウィンドウ』と呼ばれる場所に表示されているよ」（図2-06）

「ただし……」

そう言うと、陽菜はコードウィンドウの右上の［×］ボタンをクリックした。コードウィンドウが閉じて、画面右側はグレーになった。

「ちょっと、何してるの！　今、見てたところなのに」

「このように、コードウィンドウが表示されない場合もあるわ。こうしたときには、慌てずに、画面左の『標準モジュール』をダブルクリックして、次に『Module1』をダブルクリックすればいいよ」（図2-07）

「あー、元に戻ってくれた。で、これがVBEとコードウィンドウだね。そして、これが先ほど記録したマクロか」

図 2-07

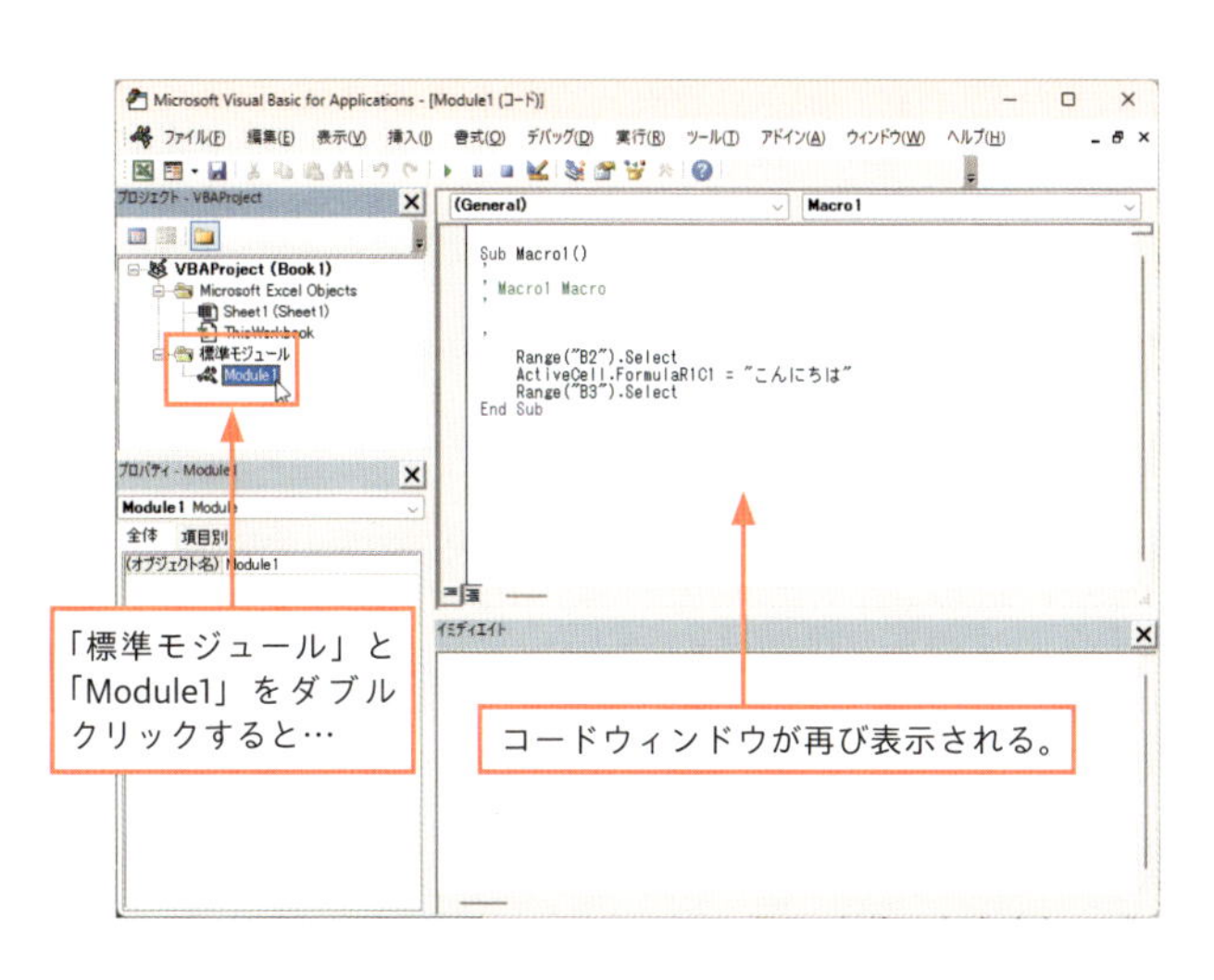

「そうよ。じゃあ、じっくりと見て法則性を探してみて」（図2-08）

ふーむ。まずわかったのは……。

マクロは「Sub Macro1()」とタイトル行で始まるんだな。そして、「Sub」とタイトルは半角のスペースで区切ることもわかった。

最後に、「End Sub」でマクロは終了と。

シングルクォーテーション『'』で始まる緑の行や空白行は、マクロの動作とは無関係なのも間違いなさそうだ。

「ユーイチロ、あなた意外に勘が鋭いじゃない！まさしくそのとおり」

そう言うと、陽菜は次の二点を補足してくれた。

タイトル右横の「()」は、「Sub ○○○（タイ

図 2-08

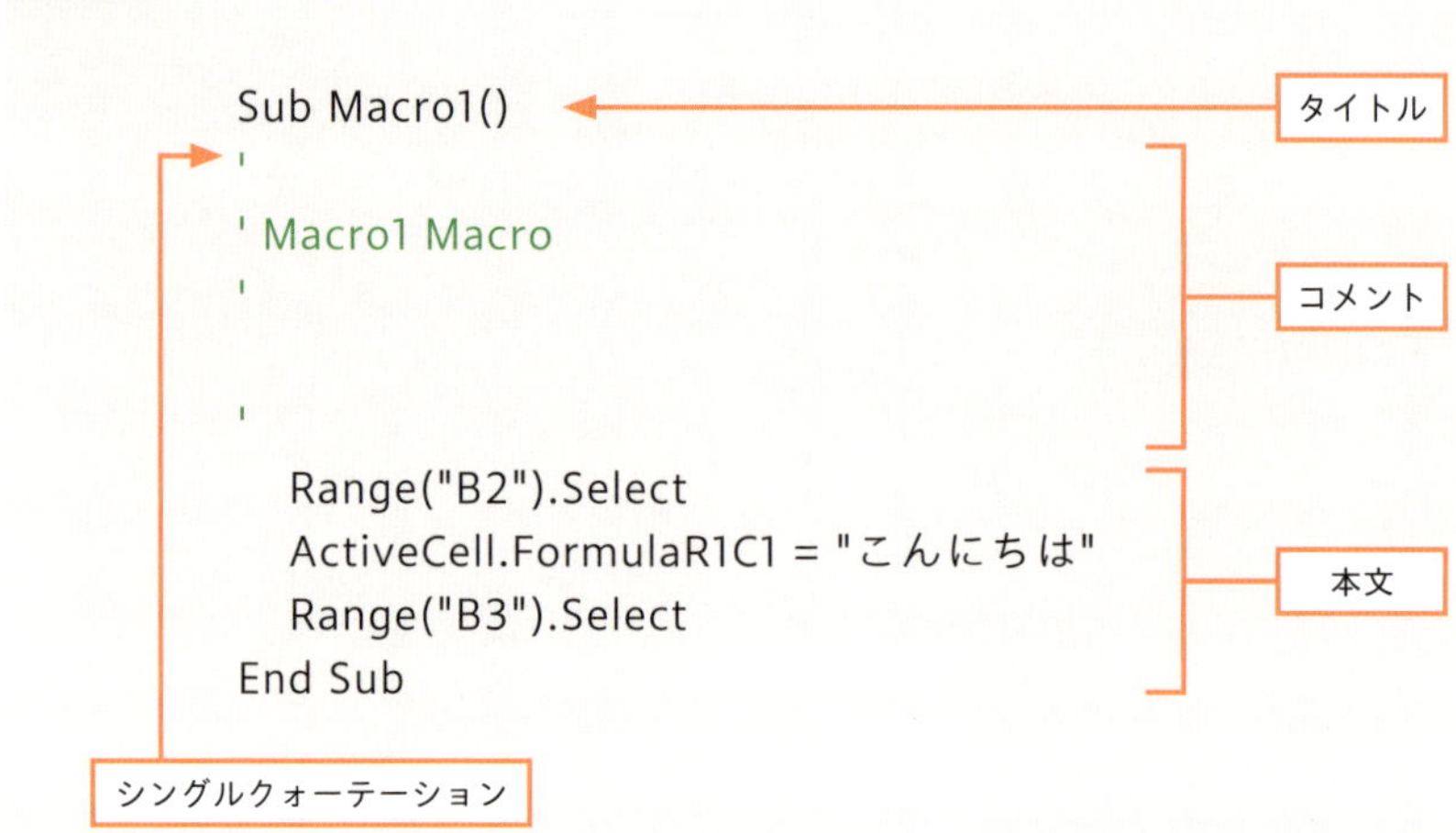

```
Sub Macro1()
'
' Macro1 Macro
'

'
    Range("B2").Select
    ActiveCell.FormulaR1C1 = "こんにちは"
    Range("B3").Select
End Sub
```

タイトル
コメント
本文
シングルクォーテーション

トル)」と入力して［Enter］キーを押すと自動的に表示されるので入力する必要はない。

「End Sub」も自動表示なので入力する必要はない。


「なんか、思った以上に人間の言葉に近いね。0と1の羅列だったらどうしようと思ってたよ」

「それはスパイ映画の観すぎよ、うふふ。見てわかるとおり、マクロは人間の言葉に非常に近いの。そうした意味でも、マクロは必ず誰にでもマスターできるわ」

「マクロを見ると、一行ずつになってるね」

「**その一行ずつの個々の命令文のことを『ステートメント』と呼ぶの。そして、マクロは、ステートメント単位で命令を実行していくのよ**」

「へえ」

「たとえば、この一文がリストの中にあるでしょう?」（図 2-09）

図 2-09

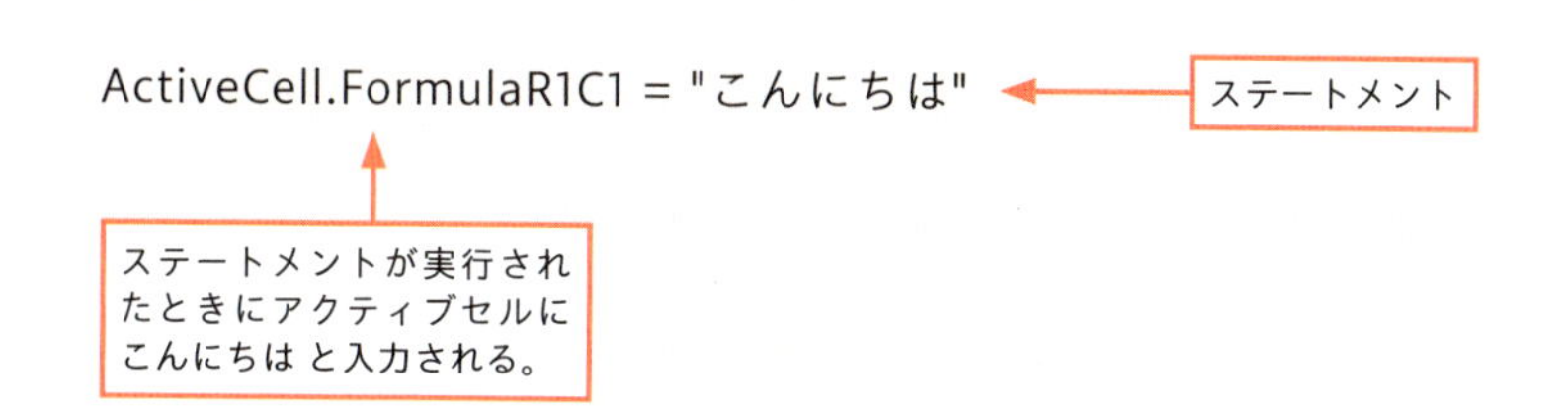
ActiveCell.FormulaR1C1 = "こんにちは"
ステートメント
ステートメントが実行されたときにアクティブセルにこんにちは と入力される。

「このステートメントが実行されたときに、アクティブセルに『こんにちは』と入力されるの」

「ふーん」

「あと、あなたもすでに気付いているとおり、**シングルクォーテーション『'』で始まる緑の行は『コメント』よ。マクロの動作とは無関係**で、文字どおりコメントが書かれているわ。普通は、マクロの作成者やマクロを作成した日付などを書くけど、マクロとして実行されるわけじゃないから何を書こうと自由だよ」

「あの、なんとなくわかったから、ちょっとこのマクロを編集してみてもいい？」

「へぇ、強気じゃん。じゃあ、好きなように編集してみて」

そこでボクは、次のように編集してみた。（図2-10）

すると、陽菜から思わぬ賞賛を受けた。

図 2-10

```
Sub Macro1()
↓
Sub あいさつ()


ActiveCell.FormulaR1C1 = "こんにちは"
↓
ActiveCell.FormulaR1C1 = "さようなら"
```

「お見事。マクロはそうやって、このVBEのコードウィンドウで編集するのよ」

08

「じゃあ、ユーイチロ。もう一度［Alt］＋［F11］キーを押して」

「なんで。もうVBEは起動してるじゃん」

「あら、わたくしの言うことが聞けないのかしら。そんな悪い子はお仕置きね。さぁ、ひざまづいてわたくしの足を……」

「こらこら。また女王様キャラに戻ってるぞ。わかったよ。［Alt］＋［F11］キーを押せばいいんでしょ」

ボクは愚痴ってみせたが、彼女の一言がボクの煩悩のスイッチに触れた。ボクは、陽菜にバレないように彼女のミニスカートから伸びる白い脚を一瞥したが、脳内で自分に喝を入れた。

〈何を考えてるんだ、俺は。今は、とにもかくにもマクロだ〉

そして、陽菜に言われたとおりに［Alt］＋［F11］キーを押した。

「あれ？　画面がエクセルに切り替わったぞ。へえ。［Alt］＋［F11］キーは、ＶＢＥを立ち上げるだけじゃなくて、エクセルとＶＢＥの表示を切り替えることもできるんだ」

「だから、そのショートカットキーを教えたのよ」

「で、［Alt］＋［F11］キーは理解したけど、ヒナは俺に何をやらせたいの？　今、エクセルのセルＢ２にはさっき入力した『こんにちは』と表示されてるけど」

陽菜は、ノートパソコンを覗き込むと口を開いた。

「じゃあ、再び［Alt］＋［F11］キーで、今度はＶＢＥを表示して」

「表示したよ」

「そうしたら、『Sub』から『End Sub』の間、要するにマクロの中のどの位置でもいいからマウスカーソルを置いて、**［F5］キー**を押してみて」

「［F5］キーね。はい、押したよ。って、何も変化が起きないんだけど」

「本当にそうかしら。じゃあ、エクセルに表示を切り替えてみて」

ボクは［Alt］＋［F11］キーを押した。

驚いた。先ほどまで「こんにちは」と入力されていたセルＢ２に、今度は「さようなら」と入力されている。

「ちょっと待って！　さっきの［F5］キーでマクロが実行されたの！」

「そのとおり」

ボクは狐につままれた気分だった。この短時間で文字を入力するマクロを作って、それを編集して、さらにはそのマクロを実行してしまったのだ。

「ヒナ。俺ってちょっとやばくね」

「バカ。凄いのはＶＢＡよ」

09

陽菜が続けた。

「それに、今のマクロの実行方法は、あくまでも開発途中のマクロの動作を確認するための手段だよ」

「確かに、エクセルとＶＢＥを行ったり来たりするのは面倒だね」

「ということで、［開発］タブの［挿入］ボタンをクリックして、［フォームコントロール］の［ボタン］をクリックしてみて」（図2-11）

図 2-11

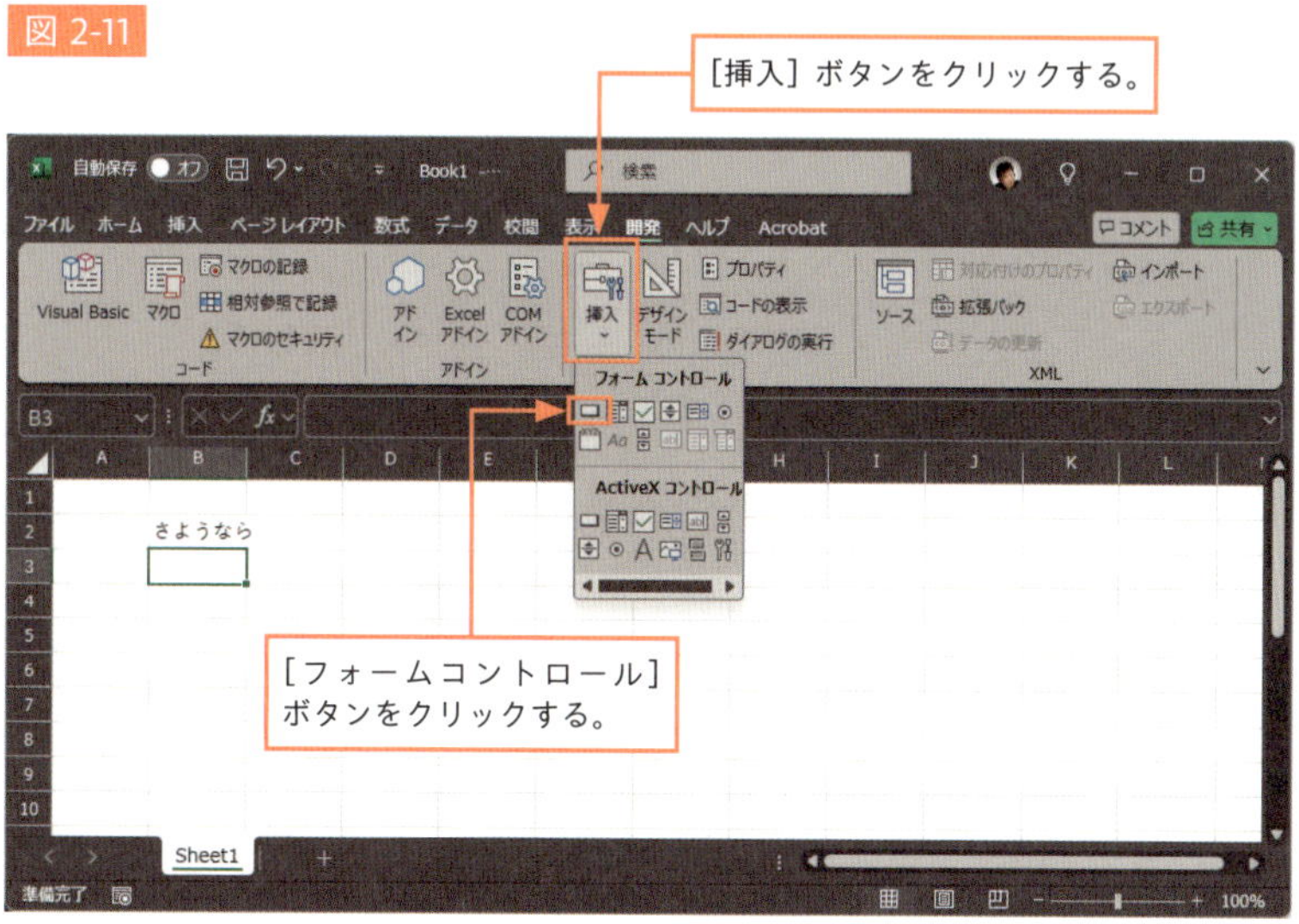

［挿入］ボタンをクリックする。

［フォームコントロール］ボタンをクリックする。

「え？　今度は何をさせる気？」

「いいから、黙って手を動かして」

　ボクは操作する前に気を落ち着けようとビールを口に運んだが、そのとき陽菜の補足が入った。

「あ、ちょっと待って。いい？　**ここで作成するのは一番上の［フォームコントロール］のボタンよ。間違って上から三段目の［ActiveXコントロール］のボタンは絶対に作成しちゃ駄目。**両者のボタンは非常に似てるけど、その機能はまったく異なるから。というより、［ActiveXコントロール］のボタンは今後は一生使わない、と覚えておいて。そんなもの必要ないから」

　陽菜の愚痴を聞きながら、ボクは［フォームコントロール］の［ボタン］をクリックした。

　そして、セルD２のあたりから適度な大きさでボタンを描画してみた。もっとも、ドラッグしている間ボタンは表示されなかったが、ドラッグを終えると、［マクロの登録］ダイアログボック

図 2-12

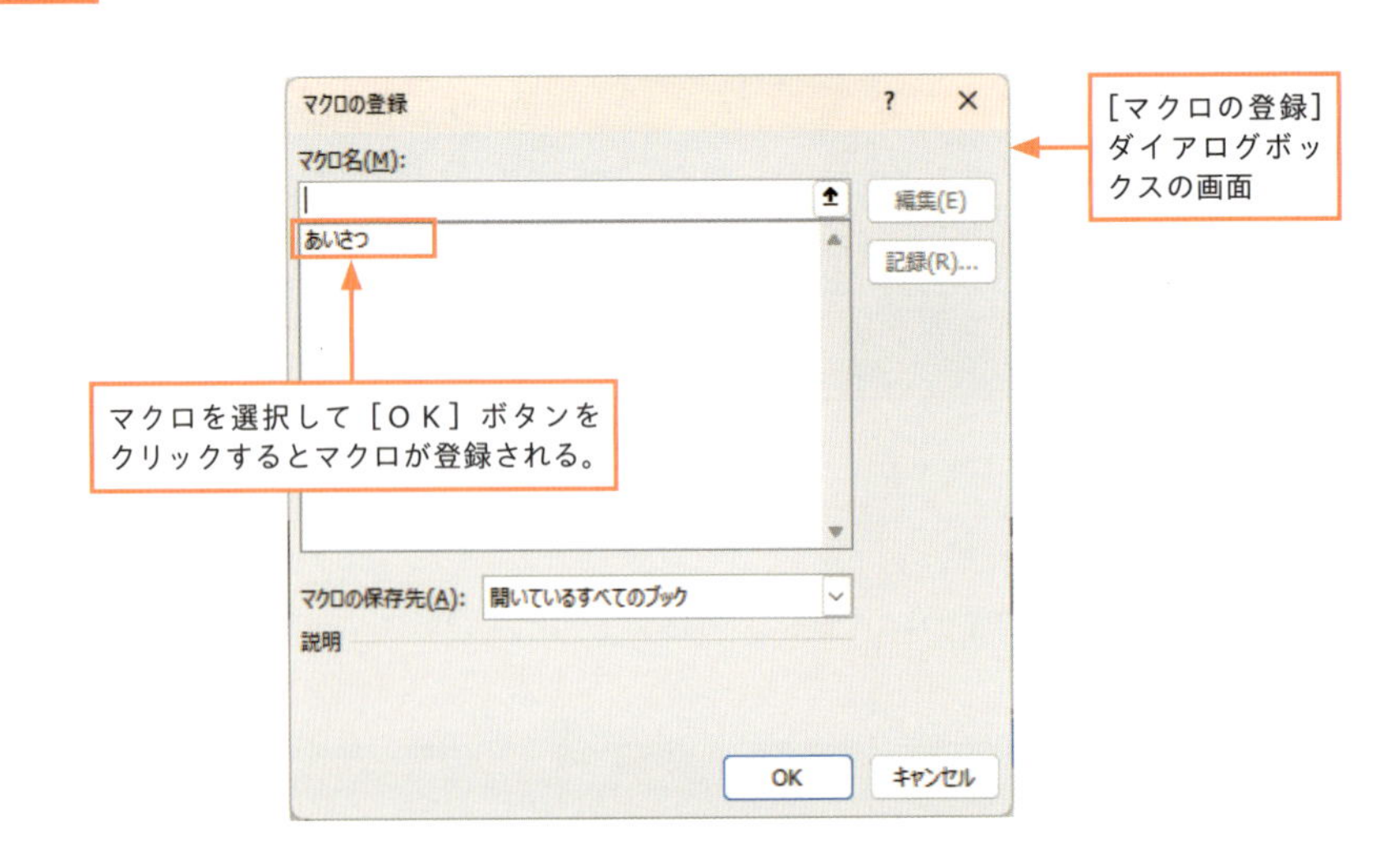

スが表示された。(図2-12)

自分が何をしているのかはさっぱりわからないが、ここはどう考えても、先ほど編集したマクロ「あいさつ」を選択して[OK]ボタンだろう。

すると、ワークシートに描画されたボタンが現れた。(図2-13)

ボタンは選択された状態だったが、ボタン以外の場所のセルをクリックしたらボタンの選択状態が解除され、描画は無事に終了した。

「よしよし。じゃあ、セルB2の文字を消して空白にしてみて」

ボクは、[Delete]キーでセルB2の「さようなら」という文字列を消した。

「じゃあ、今作ったボタンをクリックして」

言われるままに、ボクは自分で描画した[ボタン1]というボタンをクリックした。すると、セルB2に「さようなら」と入力された。

「動いた! また、マクロが動いたよ、ヒナ!」

図 2-13

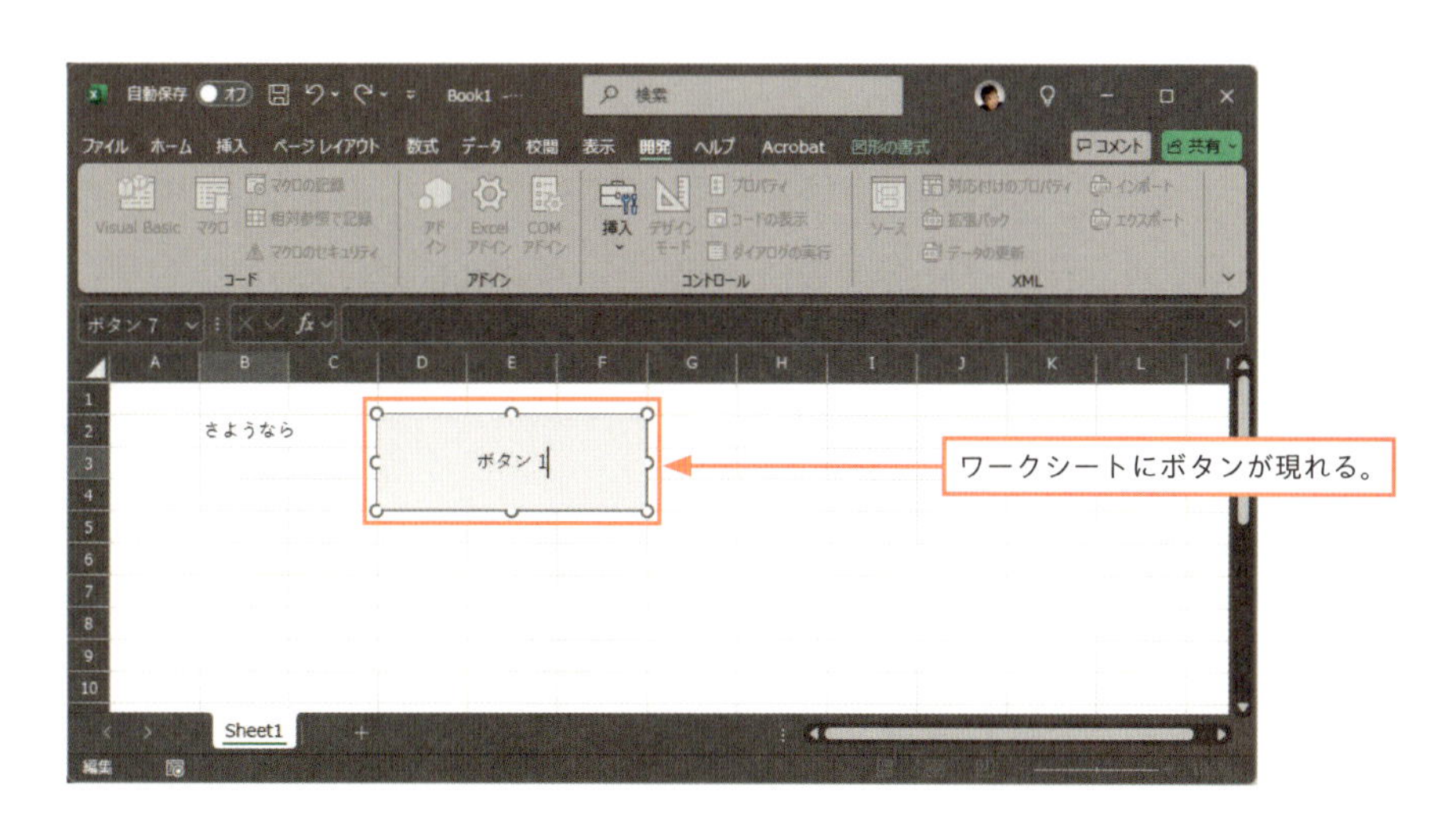

「当然よ。そのボタンには、さっき作ったマクロが登録されているからね。このように、日々利用するマクロは［フォームコントロール］のボタンに登録して、便利な方法で実行できなければ意味がないわ」

「なるほど。マクロはこうやって実行するんだ……。あ、ヒナ。今、ボタンのタイトルは『ボタン1』だけど、このタイトルを変更したいときはどうするの？　ボタンをクリックするとマクロが実行されちゃうよね」

「ああ。そういうときには［Ctrl］キーを押しながらボタンをクリックすればいいよ。マウスポインタの形状はマクロを実行するときと同じだけど、マクロを実行することなくボタンを選択できるわ。あとは、タイトルを変えるなり、ボタンのサイズや位置を変更するなり、［Delete］キーでボタンを削除するなり、あなたの好きにするといいわよ」

10

その後、ボクは何度も同じマクロを実行してみた。そのたびにマクロは同じ動作をした。この当たり前のことに、ボクは感動することしきりであった。何事も、新しいことをマスターするために必要なのはこの「感動」だろう。ところが、ボクがそれに浸っていたら、陽菜に突然手を掴まれた。

「それくらいにしておきなさい。それより、せっかくの記念すべき初めてのマクロよ。ブックを保存しておいたほうがいいんじゃない?」

「それもそうだね。あ、ヒナのアドバイスは無用だから。名前を付けて保存なんてマクロじゃなくてエクセルの基本操作だからね。基本の『き』だよ。ハハハ」

言って、ボクはそのブックを「はじめてのマクロ．ｘｌｓｘ」という名前で保存しようとした。

すると、陽菜が腹を抱えて笑い始めた。

「ハハハ。やっぱりそうきたわね」

「え?」

「ユーイチロ。あなた、やっぱりバカね。しかも『大』が付く」

「おい、ヒナ。さすがに大バカは言い過ぎだろう」

「ごめん、ごめん。ユーイチロ。あなたの脳みそ、恐竜並みに大きいんだね」

「いや、恐竜並みの脳みそなんて誉めないでくれよ。照れ臭いだろう」

「……。はあー。それよりユーイチロ。あなた、せっかく作ったマクロを捨ててしまう気?」

「捨てる? まさか。だから今から保存するところじゃない」

「まったく。アドバイスは無用、なんて、どの口が言ってるのかしら。あー、この口ね」

言って、陽菜は白くて長い人差し指でボクの唇をなぞった。

「ちょ、ちょと、ヒナ。ふざけてないで真面目に頼むよ!」

ボクは動揺を隠すためにあえて大きな声を出した。

「もう、そんなに怒鳴らなくても。いい、ユーイチロ。そのファイル形式ではマクロは保存されないの」

「え！　そうなの。じゃあ、どうすれば？」

「マクロを含むブックのときは、ファイルの種類を『Ｅｘｃｅｌマクロ有効ブック』にしなきゃダメよ。拡張子は『ｘｌｓｍ』ね。最後の『ｍ』が『マクロ』を意味する『ｍ』よ」

言いながら、陽菜は［ファイルの種類］のリストボックスの中から上から二番目の『Ｅｘｃｅｌマクロ有効ブック』を選択した。（図2-14）

「はあ。これはあり得ないほど大切なことだね。これを知らなければ、マクロを保存できないよ」

「じゃあ、その『はじめてのマクロ．ｘｌｓｍ』を閉じて」

「閉じたよ」

図 2-14

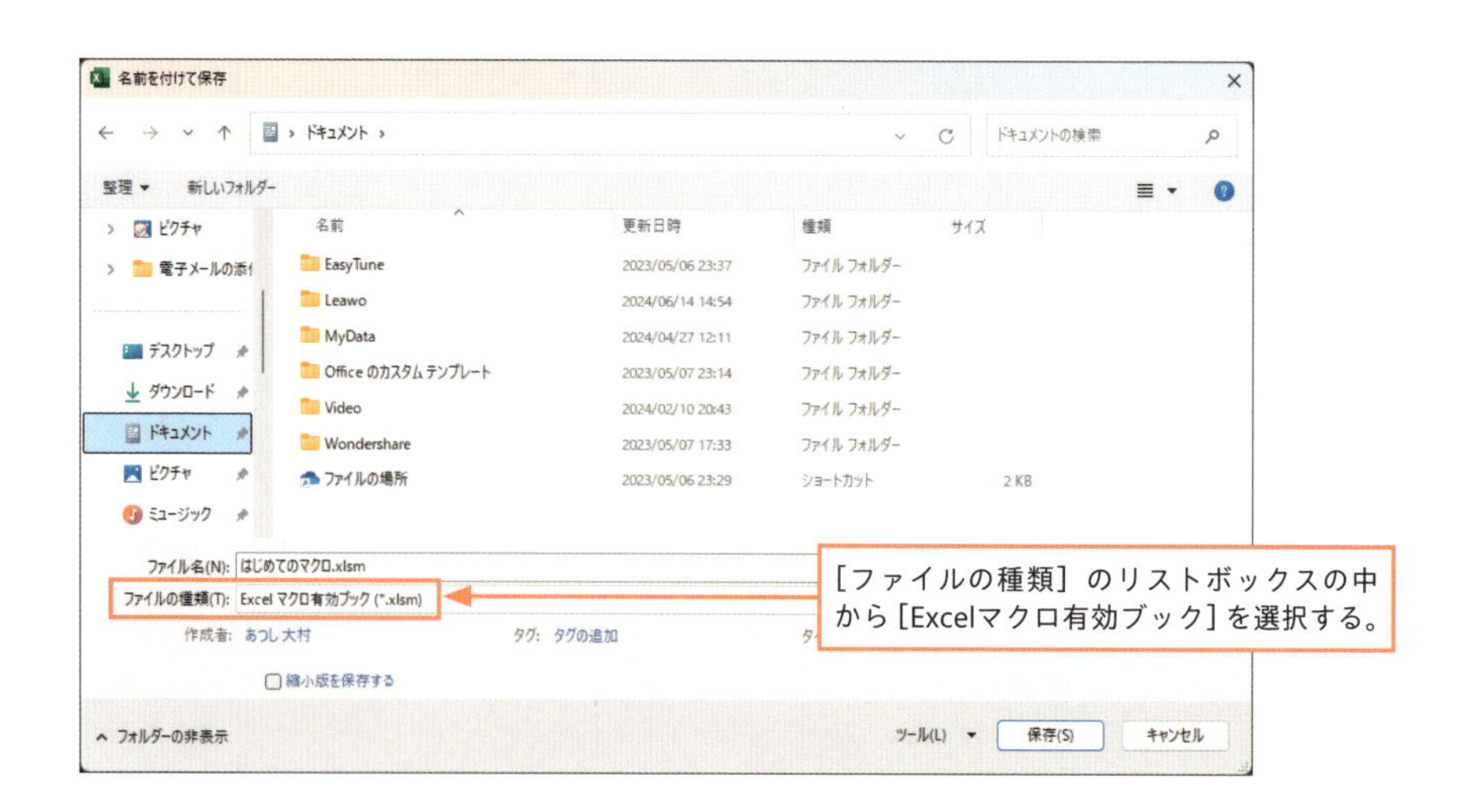

「そうしたら、今度は今保存した『はじめてのマクロ．ｘｌｓｍ』を開いてみて」

「あ、さすがに、今度こそアドバイスは無用だよ。そんなのエクセルの基本操作以前の話だから。いろはの『い』だよ」

「そう。じゃあ、勝手にして」

そう言うやいなや、陽菜はソファーに寝転がってしまった。

〈ブックを開くだけなのに、何ふてくされてるんだ、ヒナは〉

「しかたない。とりあえず、『はじめてのマクロ．ｘｌｓｍ』を開こう」

独りごちながら、ボクは「はじめてのマクロ．ｘｌｓｍ」を開いた。

「なんだ、こりゃ？　セキュリティの警告。マクロが無効にされました。って、おいおい、無効

図 2-15

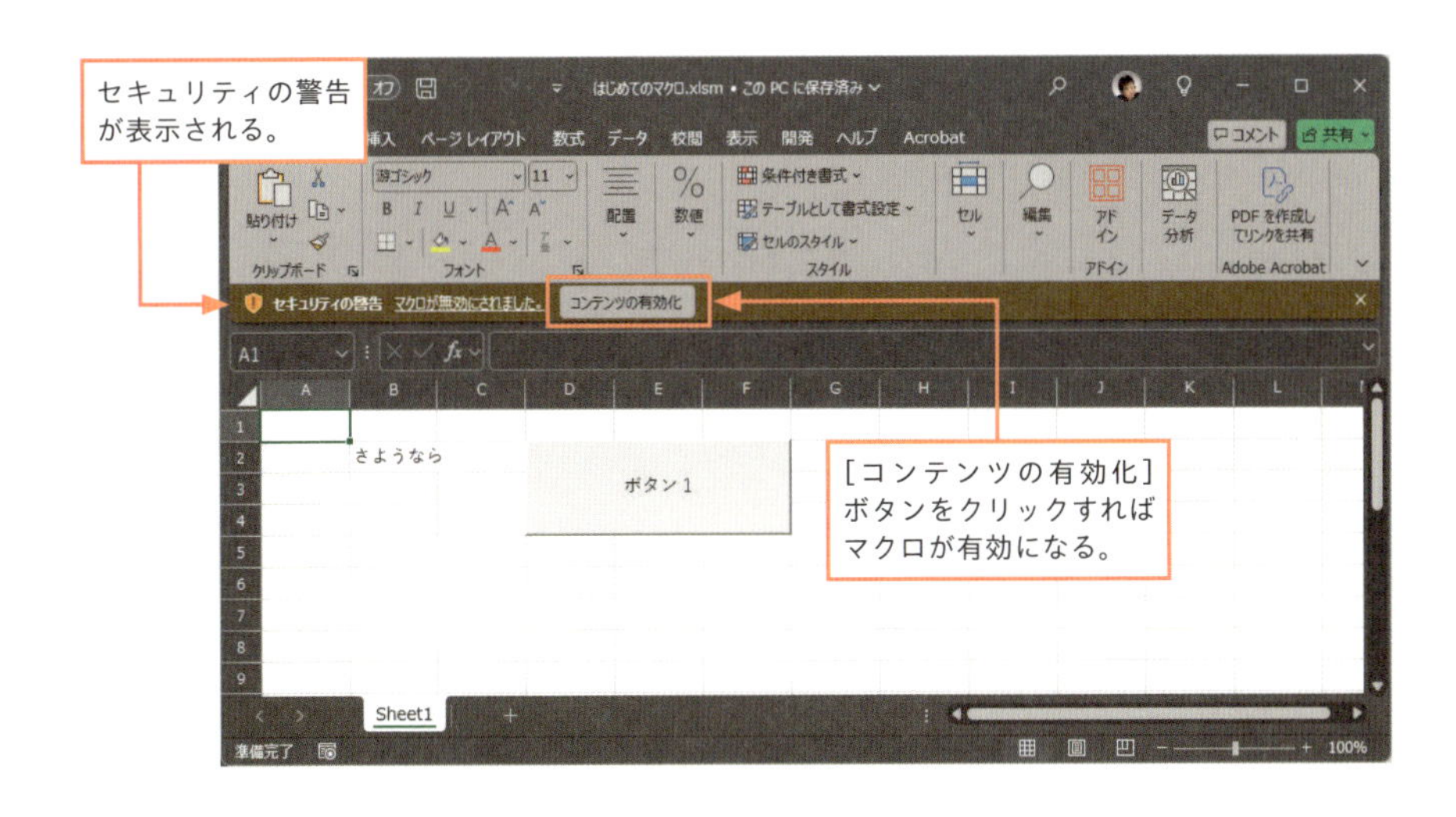

にされちゃ困るんだけど」（図2-15）

　ボクは、思わず陽菜に頼りそうになったが、自分が大見得を切ったことを思い出して踏みとどまった。

「待てよ。セキュリティの警告の隣に［コンテンツの有効化］ってボタンがあるな。なるほど、Ｅｘｃｅｌマクロ有効ブックは、一度マクロを無効にした状態で開いて、マクロを有効にしたいときには［コンテンツの有効化］ボタンを押せってことか。多分、マクロウィルス対策だろう」

　そこで、ボクは［コンテンツの有効化］ボタンをクリックしてから、もう一度、先ほどのマクロを実行してみた。

「よし、実行できたぞ。やっぱり俺の推察どおりだ。［コンテンツの有効化］ボタンをクリックすればマクロが有効になるんだな」

　その後、ボクは色々と試して、一度［コンテ

図 2-16

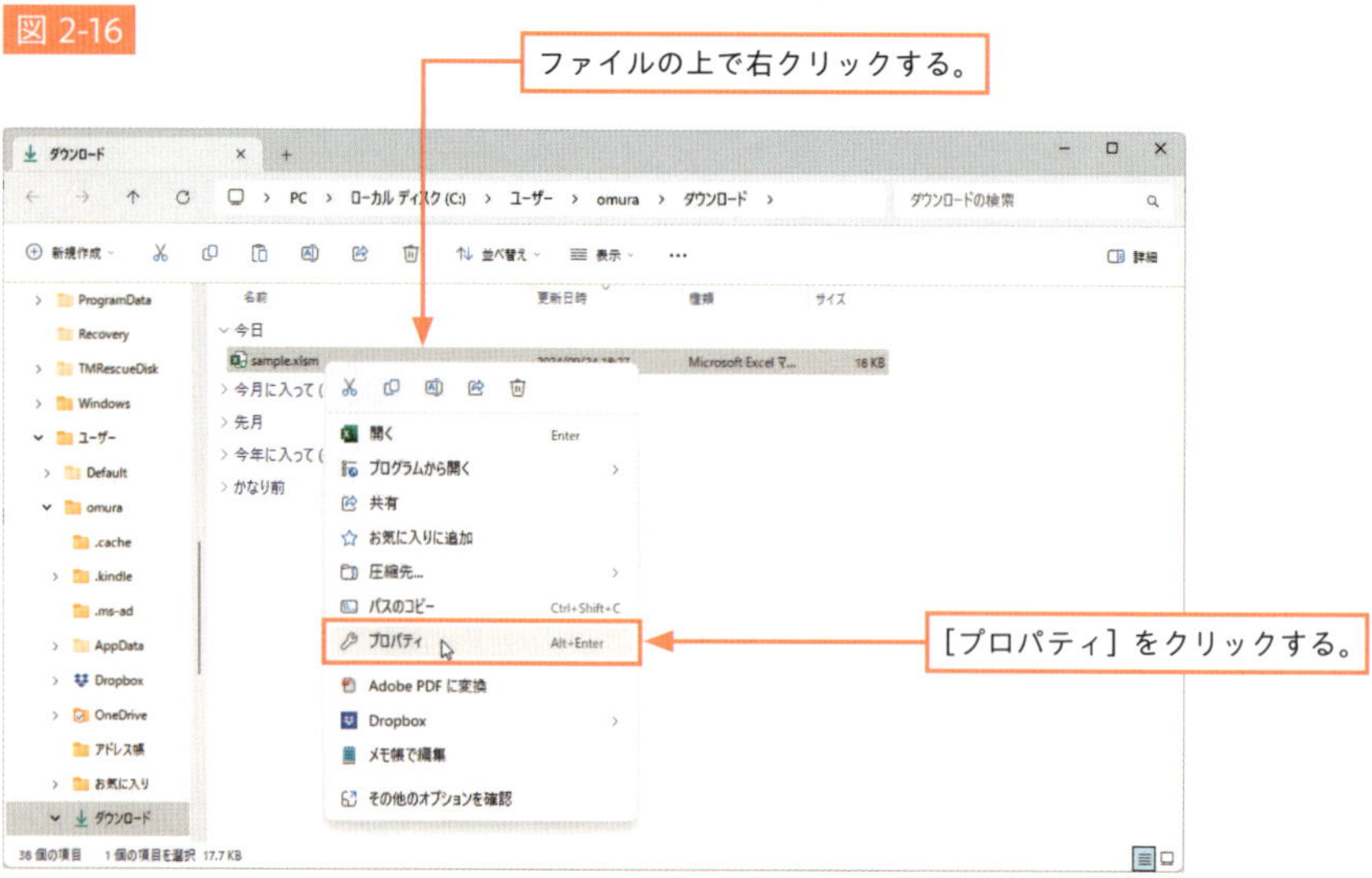

ファイルの上で右クリックする。

［プロパティ］をクリックする。

ンツの有効化」ボタンをクリックすれば、二回目以降にブックを開いたときにはセキュリティの警告は表示されないこと。また、そのブックをコピーしたりすると、再びセキュリティの警告が表示されることを自力で理解した。

「ヒナ。Ｅｘｃｅｌマクロ有効ブックを開いて、その中のマクロを有効にする方法がわかったよ」

「へえ、やるじゃない。じゃあ、一つ補足してあげる。ちなみに、インターネットからＥｘｃｅｌマクロ有効ブック、拡張子『ｘｌｓｍ』のファイルをダウンロードしてもそのマクロは実行できないよ」

「え！　じゃあ、その場合はどうしたら？」

「そうね。とりあえず、ネットからなんでもいいからＥｘｃｅｌマクロ有効ブックをダウンロードしてみて」

　ボクは言われたとおりにした。

図 2-17

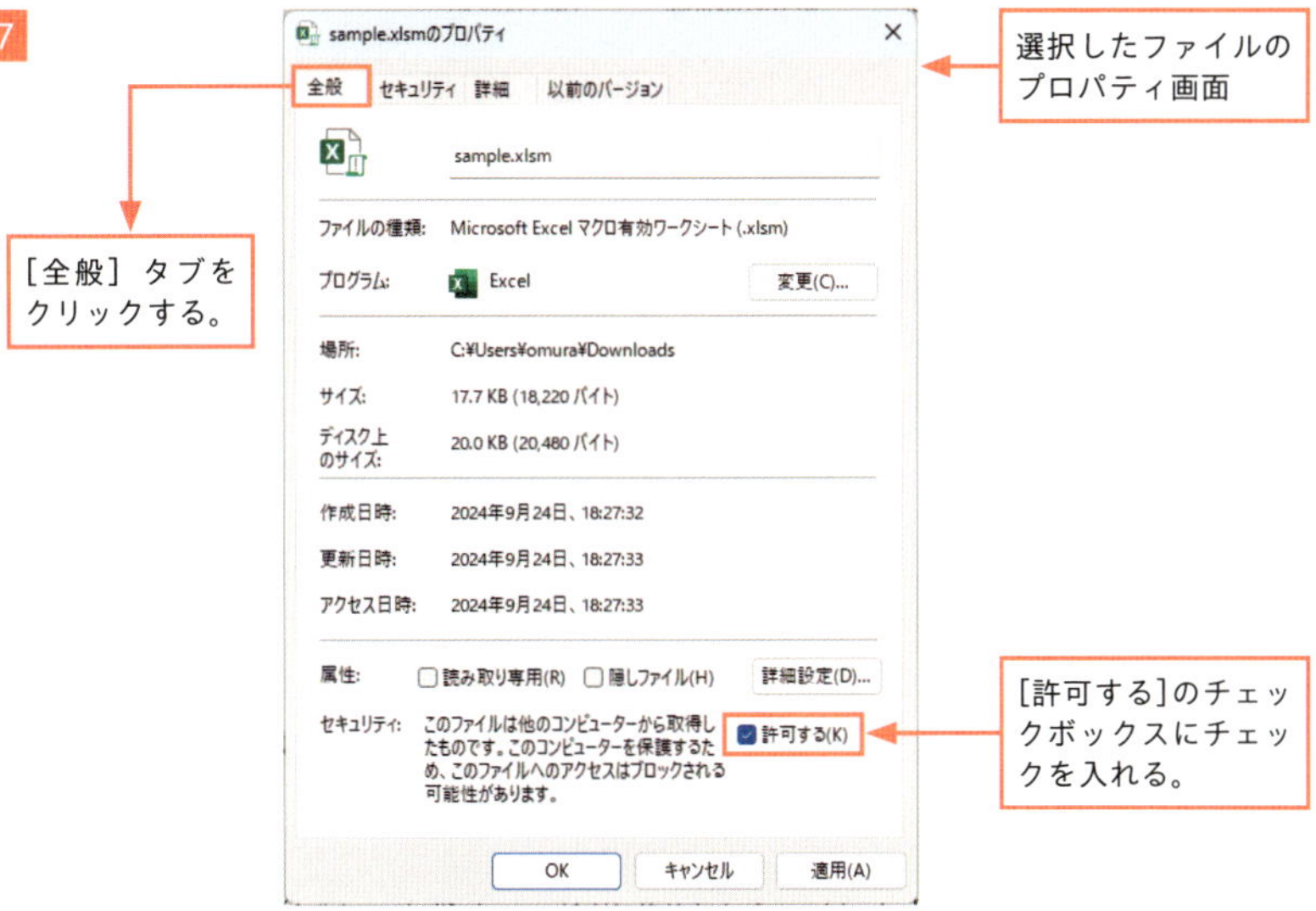

sample.xlsmのプロパティ

全般　セキュリティ　詳細　以前のバージョン

sample.xlsm

ファイルの種類: Microsoft Excel マクロ有効ワークシート (.xlsm)

プログラム: Excel　変更(C)...

場所: C:¥Users¥omura¥Downloads

サイズ: 17.7 KB (18,220 バイト)

ディスク上のサイズ: 20.0 KB (20,480 バイト)

作成日時: 2024年9月24日、18:27:32

更新日時: 2024年9月24日、18:27:33

アクセス日時: 2024年9月24日、18:27:33

属性: 読み取り専用(R)　隠しファイル(H)　詳細設定(D)...

セキュリティ: このファイルは他のコンピューターから取得したものです。このコンピューターを保護するため、このファイルへのアクセスはブロックされる可能性があります。　許可する(K)

OK　キャンセル　適用(A)

選択したファイルのプロパティ画面

［全般］タブをクリックする。

［許可する］のチェックボックスにチェックを入れる。

「そうしたら、今ダウンロードしたファイルを右クリックして［プロパティ］を選択して」（図2-16）

「選択したよ」

「次に、［全般］タブの「セキュリティ」項目で［許可する］チェックボックスにチェックを入れれば大抵の場合はマクロが動くわ」（図2-17）

「大抵の場合？」

「うん。実は、今言った方法でもネットワーク上の場合には上手くいかない場合もあるの」

「なんか、色々と面倒だね」

「とりあえずは、自分のノートパソコンにダウンロードするときには今の方法で対処して。そして今後、ユーイチロが他人にＥｘｃｅｌマクロ有効ブックを渡したいなら、メールに添付するかＵＳＢメモリでも使って。今のあなたの職場ではマクロを作れる人もいない有様だからそれで十分でしょ」

「うん、わかった。って、俺が他人にマクロを提供するなんてまだまだ先の話だけどね」

ボクが苦笑すると、陽菜も釣られて美しい顔に苦い笑みを浮かべた。

〈あれ、気付いたらもうこんな時間だ。さすがに今日はおいとましよう〉

結局、自分で買った傘をさして帰宅したボクは、早速ビートルズの『ノーウジェアン・ウッド』

を聴いてみた。ヒナの言うとおり名曲だった。

次に、ネットで歌詞を調べてみる。

「ふーん。何もない部屋って、確かにヒナのリビングみたいだな……。え！　ノルウェーの材木！　ヒナのあの家はノルウェーの材木で造られてるのか！」

〈ヒナ。きみは一体何者なんだ……〉

狐につままれたような気分の中、ボクはそのノーウジェアン・ウッドが収録されているビートルズのアルバム、『ラバーソウル』のスクショを撮ると、ＳＮＳにアップして眠りについた。

第3章

恋する資格、そして、オブジェクトとコレクション

11

翌日、ボクがプリンターから用紙を取り出すと、プリンターはすぐに新しい用紙を吐き出した。見出しが大きかったので、ボクは瞬時にそれが「顧客別売上集計表」であることを視認した。

「あ、それ、私の」

振り向くと、喜多山まりんが立っていた。

「あ、はい、どうぞ」

言って、ボクはその用紙をまりんに手渡した。しかし、一昨日の一件があったためか、二人の間に気まずい空気が流れた。そこで、ボクは咄嗟に言葉を選んだ。

「喜多山さんは顧客別に『売り上げ』を集計してるんだ。そうだよね。喜多山さんはすでに三社、顧客を持ってるんだものね。それに引き換え、ボクは新規開拓するための『見積書』ばかりだよ。まったく、ボクときたら……」

この一言のどこが癇(かん)に障(さわ)ったのかはわからない。しかし、まりんの顔はみるみると不機嫌になった。

〈これはまずい。これでは、ますますまりんさんとの距離が広がるばかりだ。なにか、話題を変えないと……〉

そのとき、昨夜の陽菜とのレッスンが頭をよぎった。もしかしたら、アレを実演して見せればまりんの機嫌も直るかもしれない。

「あの、喜多山さん。ちょっとだけ、顧客別に売り上げを管理しているシートを見せてもらえない？」

「え？　まあ、見せてもいいシートはあるけど……」

「大丈夫。時間は取らせないから」

まりんのデスクに行くと、彼女はとある顧客別売上管理シートをパソコンに表示した。

「これかー。じゃあ、ちょっと見てて」

言って、ボクは［開発］タブを表示すると、［マクロの記録］ボタンをクリックして、データを商品順に並べ替え、売上金額を集計し、それを印刷する操作をマクロ記録した。そして、そのマクロを［フォームコントロール］の［ボタン］に登録した。

「佐々木君。ちょっと何をしてるのかわからないんだけど」

まりんのその声を聞きながら、ボクは集計を解除し、データを日付順に並べ替えて、わざとデータの並びをバラバラにした。

「喜多山さん。試しに、このボタンをクリックしてみて」

「え？　うん」

まりんは、怪訝そうにボタンにマウスポインターを合わせた。何が起こるのかわからない彼女の脳内がクエスチョンマークで満ちているのも無理はない。

そして、まりんがボタンをクリックした。

次の瞬間、彼女は驚きの声を上げた。

「え！　どういうこと！　バラバラだったデータが商品順に並べ変わって……、金額も集計されてるわ！」

「それだけじゃないよ。ちょっと、プリンターを見てきて」

ボクに言われてプリンターに向かったまりんは、満面の笑みで戻って来た。

「凄い！　印刷まで自動化されてる！　佐々木君。一体、どんな魔法を使ったの？」

「これが『エクセルのマクロ』、すなわち『ＶＢＡ』だよ。別名で『Visual Basic for Applications』っていうんだけど簡潔に説明するにしても一週間はかかっちゃうかな。いずれにしても、ボクはそのＶＢＡでエクセル作業のＤＸをＩＣＴして、営業部の業務改善をしたいと思ってるんだ」

「そう！　って、ごめんね。私の不勉強で佐々木君が何を言ってるのかさっぱりわからないけど凄いのはわかる。これはみんな喜ぶわ！　頑張ってね、佐々木君！」

この一言で、先ほどまで硬かったボクの心は熱したバターのように心地よく溶けた。

そして、この一連の出来事をＳＮＳに書き込んだ。それは、いつもは仕事の愚痴ばかりの書き込みの中でひと際異彩を放っていた。

12

ボクは、今日は傘を二本持参していた。自分のそこそこ高級な赤い折り畳み傘と安いビニール傘だ。もっとも、そのビニール傘は陽菜に借りたものか昨日買ったものか区別が付いていなかった。

そして、天気予報は晴れだったが、ボクの中には妙な予感があった。

〈あの交差点あたりでまた雨が降り始めるんじゃないか？〉

ボクの予感は当たった。交差点から背後の最寄り駅の写真を撮っていたら雨が降り出した。大急ぎでその写真をＳＮＳにアップすると、交差点を左折して「ノーウジェアン・ウッドで造られた家」に視線を投げた。

案の定、陽菜が手招きをしていた。

ボクは折り畳み傘を左手に持ったが、それを広げるのが面倒で、右手でビニール傘をさして陽菜の家に向かった。

玄関を開けると、ビニール傘を閉じながら言った。

「借りてた傘、持って来たよ」

「ありがとう!」

言って、陽菜はボクが左手に握っていた赤い折り畳み傘を手に取った。

「ちょっ、ちょっと。それ、俺の傘だから」

「何言ってるの。これがアタシの傘でしょう。これ、大好きだったじいじの形見だよ。間違えるわけないじゃん」

「おい。傘はお母さんの形見って言ってただろう。傘から元の持ち主まで全部大外れじゃないか。頭、大丈夫か」

「ひ、ひどい! 二十五年の人生でこんな恥辱を受けたの初めてよ!」

陽菜の両目がみるみると潤む。

「恥辱って……。な、なんかごめん。言い過ぎた」

「じゃあ、もう一度言うから季節外れのスイカのようなそのスカスカの頭でよく考えて。これがアタシの傘よね?」

高級傘を持ったまま、土間にいるボクを上から見下ろしながら陽菜が威圧する。

「お前……、白雲部長に似てきたな。もうそういう設定でいいよ」

答えると、陽菜はすぐに笑顔になった。

「じゃあ、あなたのビニール傘はそこの傘立てに置いて上がってちょうだい。今日はいよいよVBAを教えてあげるから。てへ」

〈おい。「てへ」じゃないぞ。さっきの涙はなんだったんだ。いい年して嘘泣きかよ。まあ、ＶＢＡの勉強代だと思って傘はあきらめよう〉

ソファーに隣り合って座ると、ボクはノートパソコンを取り出した。そして、昨日作った『はじめてのマクロ・ｘｌｓｍ』を開いたときに陽菜も口を開いた。

「さて、ではいよいよＶＢＡのレッスンね」

「そのことなんだけど、ねえ、ヒナ。マクロ記録ができればＶＢＡなんて必要なくない？　今日も会社でマクロを実演したら、第三営業部全員スタンディングオベーションでさ。まったく照れ臭かったよ。まりんさんなんて紅潮した頬（ほお）のまま目まで潤ませて」

「まりんさん？」

〈しまった！　余計なことを言ってしまった！〉

「いや、まりんは俺の部署で飼ってるチワワで、こいつが可愛いんだよ」

「ふーん。あなたの部署、チワワ飼ってるの。で、そのチワワがあなたのマクロを見て頬を紅潮させて目を潤ませたんだー。ふーん」

「はは。ははは」

「まぁ、いいわ。それよりユーイチロ。もちろん今後もマクロ記録は多用していくけど、それでもVBAは必要よ。その理由はこのあとすぐにわかるから」

「りょ、了解」

「ということで、まずは昨日あなたがマクロ記録で作って手直ししたマクロを見て」（図3-01）

「さて。じゃあ、VBAの文法を教える前にこのイケてないマクロを直しちゃおうか」

「え？　直す？　だって、これ、正常に動くじゃん」

「動けばいい、ってもんじゃないよ。まず、最後の三行目、『Range("B3").Select』は何してるかわかる？」

「多分だけど、セルB3を選択してるんじゃ……」

「そうね。でも、セルB2に文字を入力するマクロなのに、なぜセルB3を選択したの？」

「いや、それはセルB2の文字を［Enter］キーで確定したときに、勝手にセルB3が選択されて、その操作をマクロ記録が記述しちゃったんだよ」

図3-01

```
Sub あいさつ()
    Range("B2").Select
    ActiveCell.FormulaR1C1 = "さようなら"
    Range("B3").Select
End Sub
```

「でしょ？　じゃあ、三行目はそっくり不要なことはわかるよね」

「言われてみればそうだね」

ボクが答えると、陽菜は三行目を削除して続けた。

「今の『無駄なステートメントを記述してしまう』。これは明白にマクロ記録の限界なんだけど、このマクロにはまだまだ無駄があるの」

「それはどんな？」

「次に覚えてほしいのは、マクロでセルに文字を書き込むときに『わざわざセルを選択する必要はない』ってこと。それを踏まえて、一行目の『Range("B2").Select』は何をしてる？」

「これはセルＢ２を選択してるね」

「そうね。一行目でセルＢ２を選択してアクティブセルにして、二行目でそのアクティブセルに文字を入力してる。でも、『セルを選択する必要はない』って知ってれば、このマクロはこうなるのよ」

「へえー。たった一行になったぞ。ヒナ、凄いよ。こっちのマクロのほうが断然イケてるよ」（図3-02）

「いやいや。凄くもないしイケてもないから。実はＶＢＡでセルに文字を入力するときにはこのように書くの」（図3-03）

＜Value？＞

「これこそが『セルに文字を入力する』ステートメントなの。面倒なことは考えずに、セルに文字を入力するときには『Value』を使うと覚えて。マクロ記録が記述する『FormulaR1C1』は数式を入力するときに使うもので、これはマクロ記録のミスといったところね。セルに文字を入力する定型文、理解できた？」

「うん」

「実はね、このステートメントこそがＶＢＡを学習する上で一番最初に理解しなきゃいけない基本中の基本、初歩中の初歩なんだけど、マクロ記録はこんなステートメントすら記述できずに、あの三行のステートメントを記述しちゃうの」

「なるほど。万能だと思っていたマクロ記録も意外にもろいんだね」

「まあ、マクロ記録は役に立つ機会も山ほどあるけど、できないことも山ほどあるってこと」

図 3-02

```
Sub あいさつ()
    Range("B2").FormulaR1C1 = "さようなら"
End Sub
```

図 3-03

```
Sub あいさつ()
    Range("B2").Value = "さようなら"
End Sub
```

「ありがとう、ヒナ。たとえマクロ記録ができても
VBAを学習しないといけないことがよくわかったよ。
さすが、ヒナだ。ってことで、俺はそろそろおいとま
……」

「バカなの。まだ今日のレッスンの五分の一も進んで
ないわよ。とにかく、試しに［F5］キーでこのマクロ
を実行してみて」

言われたとおりにすると、セルB2に「さようなら」
と入力された。

これで、昨日はマクロ記録で作ったマクロを動かし、
今日はVBAで作ったマクロを動かしたわけか。陽菜っ
て、意外に段取り良く教える能力に長けているのかも
しれない。

「ねぇ、ヒナ。今思ったんだけど、最悪『Range』と
いう単語を忘れてもマクロ記録で記述できるけど、も
し『Value』って単語を忘れちゃったら厄介だよね」

「そんな心配してるんだ。わかった。じゃあ、この部
分を消してこう書き換えるよ」（図3-04）

図 3-04

```
range("a1:d10")
```

セル番地を繋げるときには「:」（コロン）を使う。

図 3-05

```
range("a1,d10")
```

セル番地を区切るときには「,」（カンマ）を使う。

「おい！　何してるんだ」

「まぁまぁ。それより、このキーワードはさっきと違って『セルA1からセルD10』って意味よ。SUM関数と同じで**セル番地を繋げるときは『:』（コロン）、区切るときは『,』（カンマ）**って覚えておいて」

「なるほど。じゃあ、『セルA1とD10』の二つのセルだけを対象にしたいときにはこうなるの？」

VBEのコードウィンドウに書き込みながら尋ねる。（図3-05）

「そのとおり。じゃあ、その『,』を『:』に戻したら、このキーワードに続けて『.』を入力してみて」

言われたとおりにすると、なにやらリストボックスが表示された。（図3-06）

「でね、このリストボックスの中には『Range』に対して使用できるキーワードが集められてるの」

「へえ。じゃあ、このリストボックスに対して『V』と入力すると……」

「どう？『V』で始まるキーワードが表示された

図 3-06

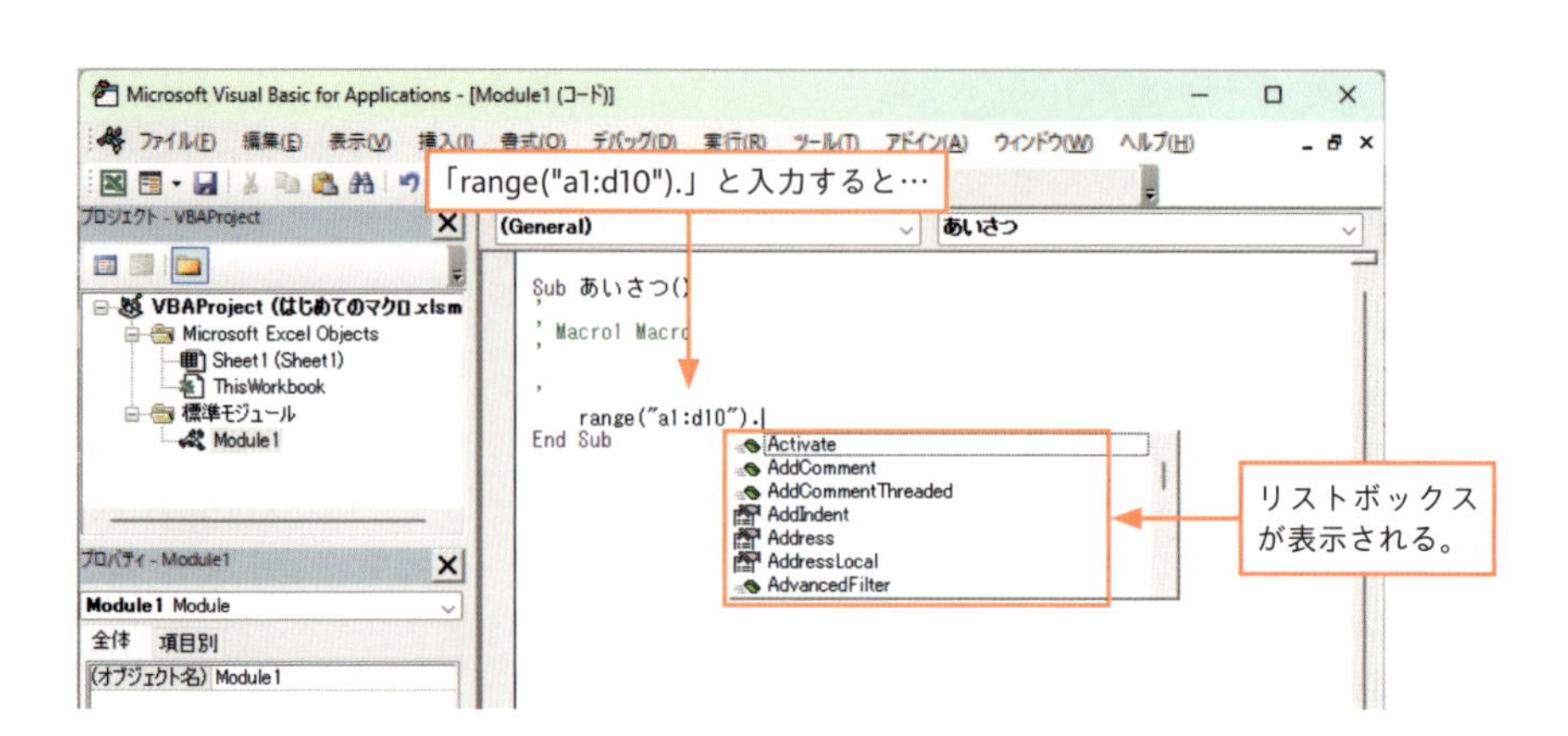

でしょ。これで『Value』という単語は確実に思い出せるから、あとは『Value』を選んで［Tab］キーか［Enter］キーを押すだけだよ。これなら忘れても大丈夫でしょ？」（図3-07）

　そのセリフを受けてボクは［Enter］キーを押したが、そのときに、「range」が「Range」に自動変換されたことに気付いた。

　なるほど。キーワードの大文字、小文字は自動的に変換されるわけか。言い換えれば、大文字、小文字が自動変換されないときは、スペルを間違えているときってわけか。これなら簡単にスペルミスも発見できるな。

「ただ、今はその理由を知る必要はないけど、このリストボックスが表示されないケースもあるから、やっぱり重要なキーワードくらいは暗記しておく必要があるよ」

「結局そうなるのか。まあ、今のは入力の補助機能みたいなものだね」

「あと、ユーイチロもスペルの自動変換に気付いて

図3-07

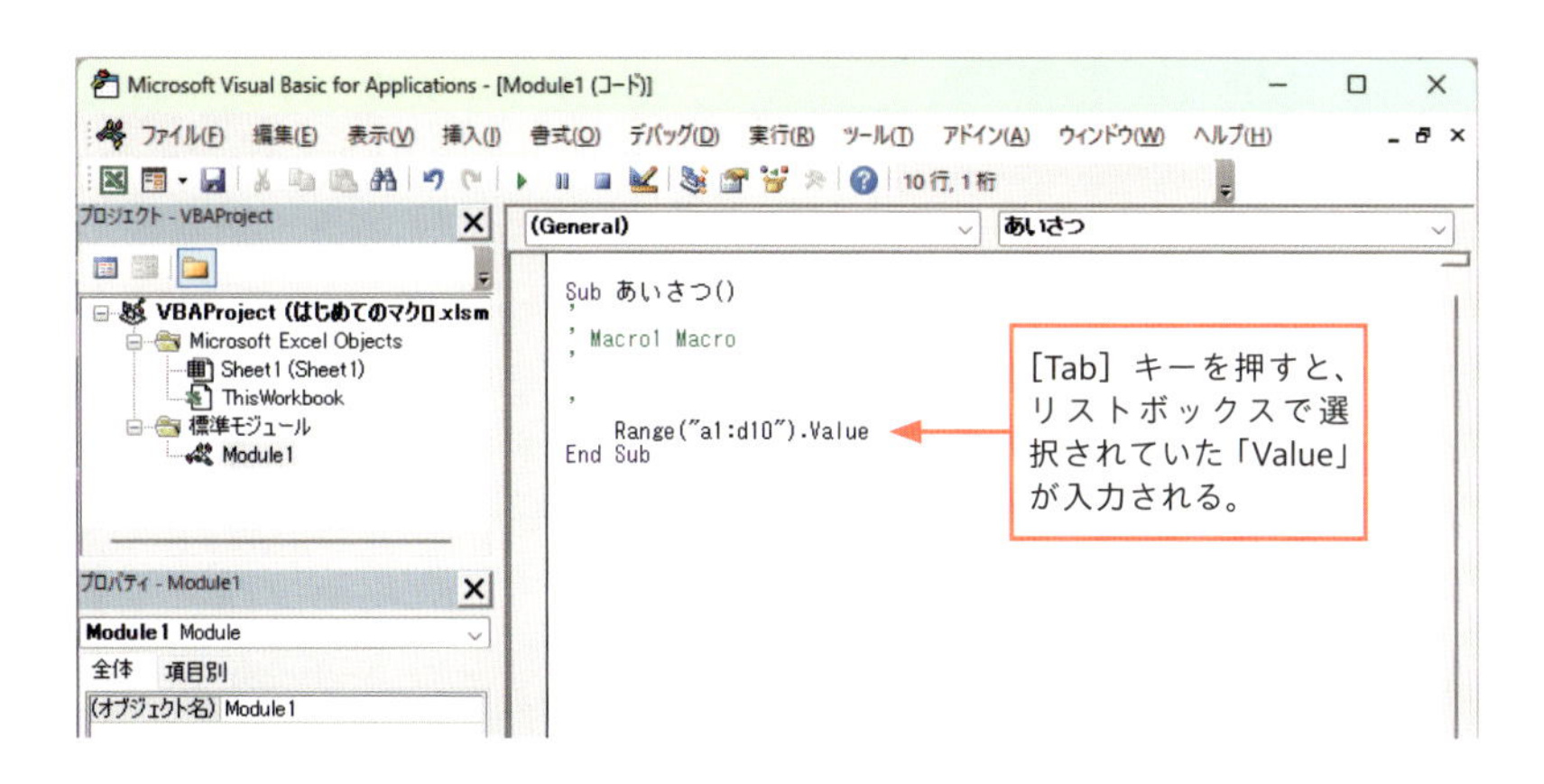

いるみたいだけど、"a1:d10"と『""』で囲んだ文字列の大文字、小文字は自動変換されないよ。この場合、"a1:d10"でも動作はするけど、読みやすさを考えて自分で"A1:D10"と大文字で入力し直して。それ以外はどうせ自動変換されるんだから、全部小文字で入力する癖をつければいいよ」

「了解」

「ちなみに、今見せたリストボックスが**『自動メンバー表示』**という機能よ。せっかくだから、そのマクロ、実行してみて」

実際に実行すると、セルA1からD10までのすべてのセルに一度に「さようなら」と入力された。(図3-08)

〈VBAって凄いな……〉

図 3-08

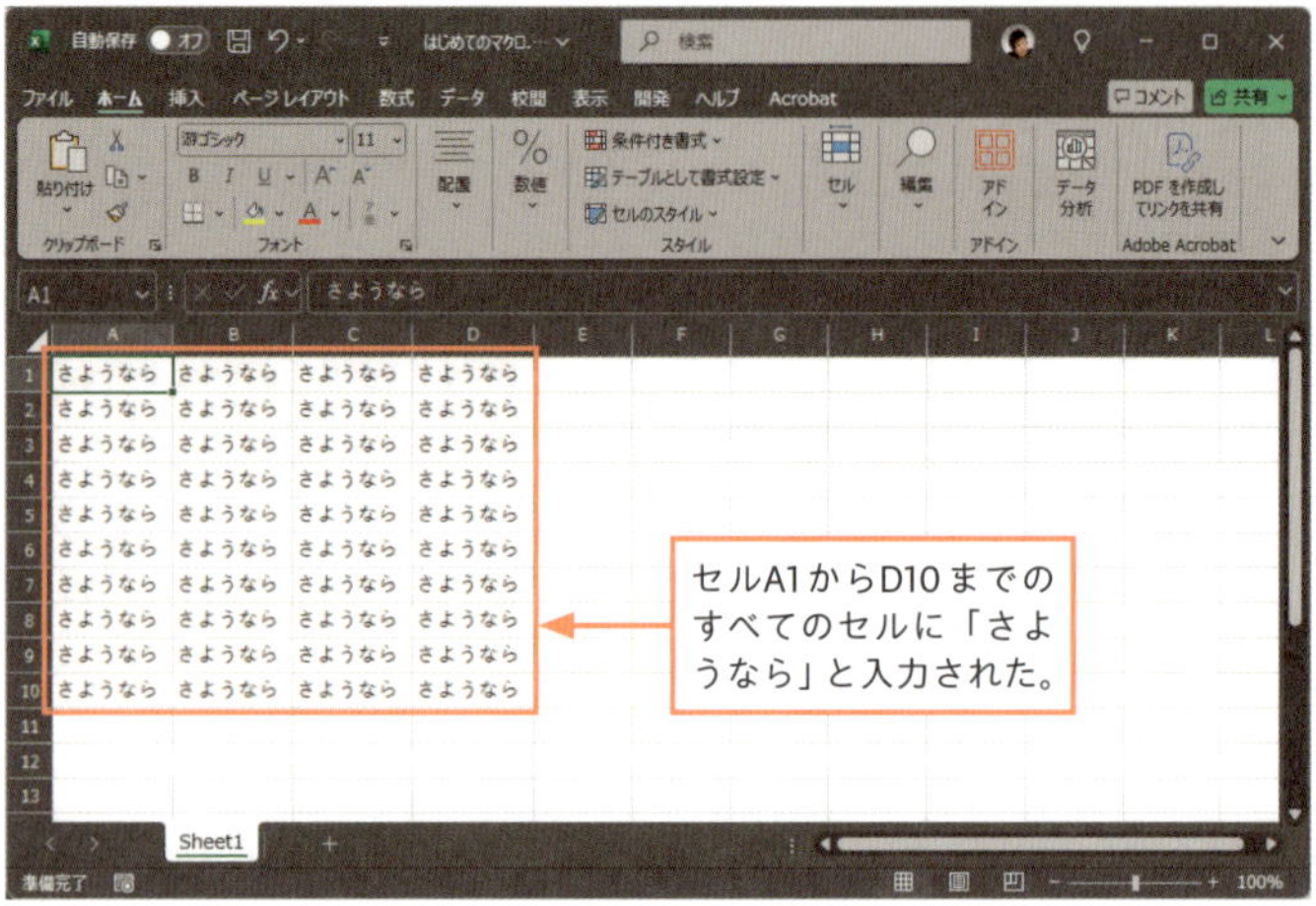

セルA1からD10までのすべてのセルに「さようなら」と入力された。

13

「さて、ではいよいよVBAの文法に入るわよ。まず、セルのことをVBAでは『Range』と表すことはもう大丈夫よね」

「うん」

「じゃあ、VBAの基本中の基本を話すよ。VBAではエクセルを『部品の集合体』として扱うの。まぁ、会社が部署や社員の集合体なのと同じね」

「いや、会社は俺が所属する第三営業部とか、その部署に所属する社員がいるという意味では確かに部品の集合体だけど、エクセルが『部品の集合体』っていうのはピンと来ないな」

するると、「ちょっとパソコン貸して」と言って、陽菜はボクのパソコンでワードを起動すると簡単な図を描いた。（図3-09）

図 3-09

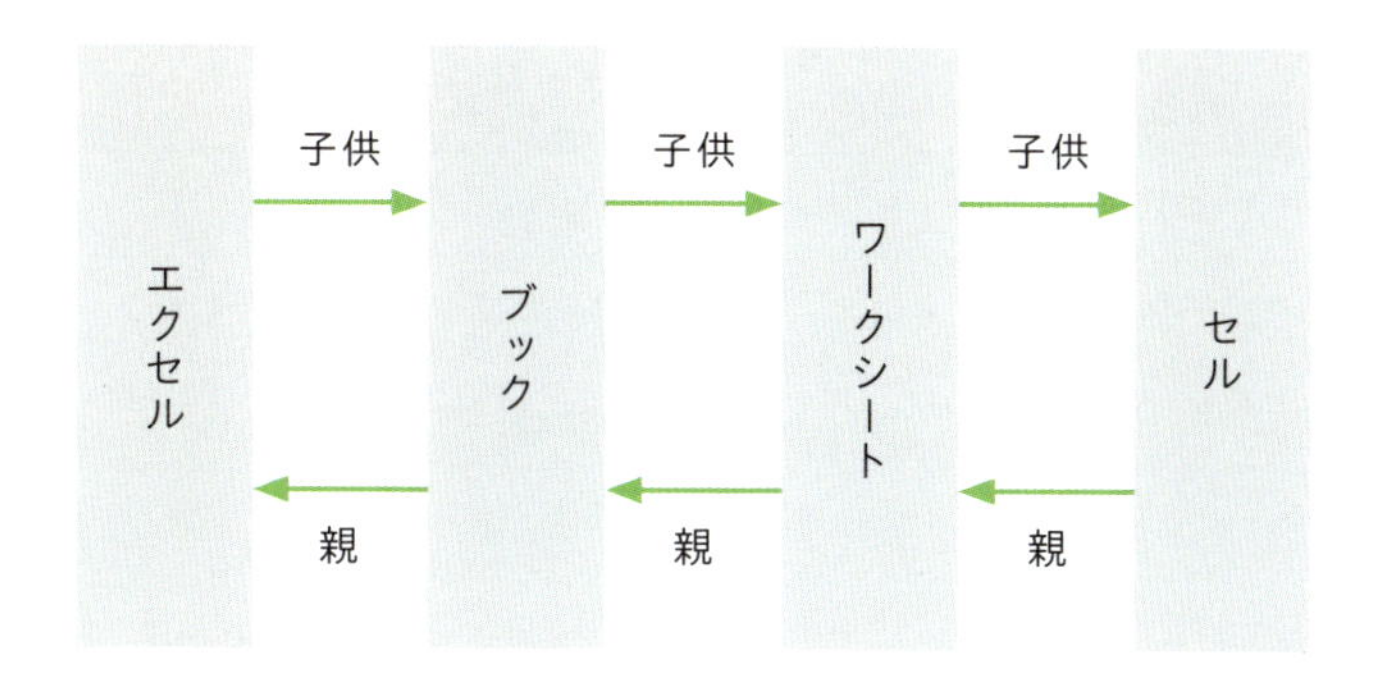

「これでわかるかしら。ねえ、セルは必ずワークシートの中にあるでしょう」

「うん」

「で、そのワークシートはブックの中にあるよね」

「そうだね」

「で、ここからが滅茶苦茶重要だから、冗談は顔だけにしてアタシの説明を遮らないで」

「いや、ずっとおとなしく説明聞いてただろう。……。ん？　っていうか、生まれつきこういう顔なんだよ！」

「まず、こうしたエクセルの部品のことを**『オブジェクト』**っていうの」

「オブジェクト？　要するに、セルもワークシートもブックもオブジェクトってこと？」

「そう。で、VBAでは各オブジェクトをこの表のように呼ぶの」（図3-10）

陽菜がワードで書いた表を見てボクが言った。

図3-10

一般表記	VBA表記
ブック	Workbookオブジェクト
ワークシート	Worksheetオブジェクト
セル	Rangeオブジェクト

「ふーん。セルだけ『Rangeオブジェクト』と呼び名が変わるけど、あとはただ英語にしただけだね」

「そうね。そして、もう一度さっきの図をよく見て。**エクセルのオブジェクトは図のように『親子関係』になってるの**」（図3-09）

「親子関係？ってことは、上からたどると、ブックがあって、そのブックに従属しているワークシートが子どものオブジェクトだね？」

「そう。そして、そのワークシートの子どものオブジェクトがセルってこと。逆に言えば、ワークシートはセルの親オブジェクトね」

「で、ブックがワークシートの親オブジェクトってことか」

「会社に置き換えると、まずヨビト商事があって、その子どものオブジェクトが第三営業部で、その第三営業部の子どものオブジェクトが社員というイメージね」

「なるほど」

「よし。説明には付いて来れてるみたいだね。じゃあ、一休みしようか」

14

陽菜が淹れてくれたコーヒーを一人で飲んでいると、突然彼女が尋ねてきた。

「ねえ、まりんさんってどんな人?」

「え! だ、だから言ったじゃん。俺の部署で飼ってるチ……」

「バカ言わないで。アタシ、真面目に聞いてるの」

「あ、ああ。俺の同期で一番仕事ができる人だよ。上司にも一目置かれてるよ」

「綺麗な人? スタイルも性格もいいの?」

「まあ、その三拍子は揃ってるかな」

すると、陽菜は考え込む顔をしてから言った。

「ふーん。で、ユーイチロは好きなの? まりんさん」

「いや。そういうんじゃないから。っていうか、そもそも俺にはまりんさんを好きになる資格もないから」

「それはおかしくない? 人に恋するのに資格がいるの?」

「資格というか、世の中、なんでも手に入るわけじゃないじゃん。無理ゲーみたいなこと山ほどあるじゃん」

「無理ゲーね……。わかった! でも、VBAは無理ゲーじゃないよ。必ずアタシがユーイチロにマスターさせるから」

「あ、ありがとう」

ボクの言葉を聞くと、陽菜の唇が三日月を描いた。そして言った。

「ということでそのＶＢＡなんだけど、もう一度さっきのマクロを見て」

「え？　もう休憩は終わり？」

言いながら、ボクは目線をパソコンに移した。（図3-11）

「このマクロでセルA1:D10に『さようなら』と入力されたわけだけど、どのワークシートのセルA1:D10に入力された？」

「どのって、ワークシートは一枚しかないから、そのワークシートのセルに入力されたけど」

「言い換えれば、『アクティブシート』のセルに入力されたわけよね」

「そうだね」

「ユーイチロ。実はこのステートメント、『親オブジェクト』が省略されてるの。セルの親オブジェクトはなんだっけ？」

「え？　確かワークシートだよね」

「じゃあ、ワークシートの親オブジェクトは？」

図 3-11

```
Sub あいさつ()
    Range("A1:D10").Value = "さようなら"
End Sub
```

図 3-12

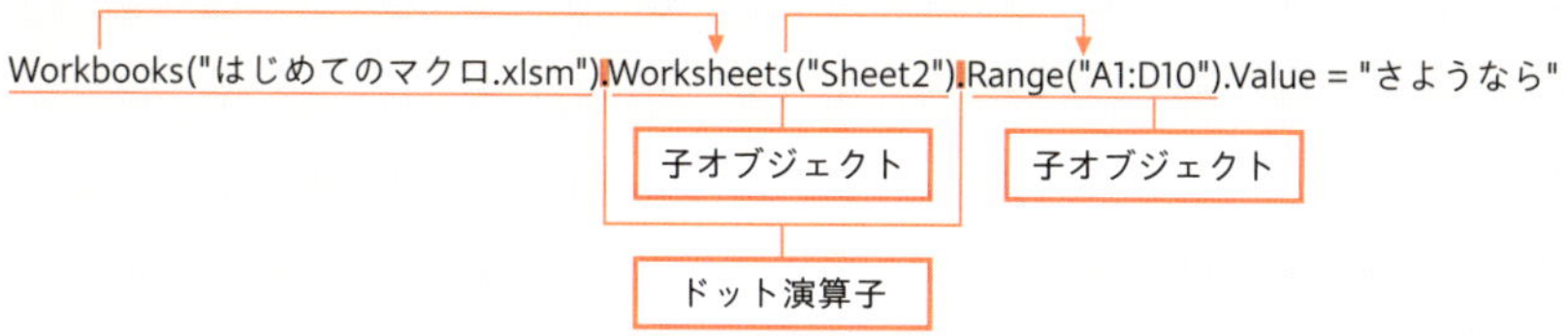

```
Workbooks("はじめてのマクロ.xlsm").Worksheets("Sheet2").Range("A1:D10").Value = "さようなら"
```

子オブジェクト　子オブジェクト

ドット演算子

「ブックでしょ」
答えると、陽菜がワードに書き込みながら言った。（図3-12）
「実は、こうやって親オブジェクトから順にたどっていくという書き方もできるの」

「なんか、長いステートメントだね」

「そうだね。で、ここで覚えて欲しいのは、親オブジェクトから子オブジェクトをたどって下位のオブジェクトを対象にするとき、ここではブック→ワークシート→セルとたどってるわけだけど、その場合にはこのようにオブジェクトとオブジェクトを『.』でつなぐの。この『.』をVBAでは**『ドット演算子』**と呼ぶわ」

「ふーん。インターネットのURLで使う『ドット』に『演算子』って言葉が付くわけか」

「まあ、ドットだけでも通じるけどね。ちなみに、こんな感じで現実世界に置き換えて考えるとなおさらわかりやすいんじゃない？」（図3-13）

図3-13

```
会社("ヨビト商事").営業部(3).社員("佐々木")
```

図3-14

```
Sub あいさつ()
    Worksheets("Sheet2").Range("A1:D10").Value = "さようなら"
End Sub
```

確かに、これは親から子にたどっている。

日本の数ある会社の中から「ヨビト商事」を特定し、多数ある部署の中から「第三営業部」を特定し、そこに所属する社員の中でボクを特定している。

このたとえはとてもわかりやすい。

もっとも、社会の中でボクが一番底辺であるかの錯覚に陥り若干気持ちが滅入ったが、そんなボクをよそに陽菜は微笑を見せると続けた。

「じゃあ、今回はブックは『はじめてのマクロ．ｘｌｓｍ』を使うから、そこは省略してこう書き換えよう」（図3-14）

「かなりすっきりしたね」

「うーん。ユーイチロはまだ気付いてないみたいね」

「何が？」

「Worksheetオブジェクトのところよく見て」

「うーん……。あ、Worksheetオブジェクトは『Worksheets("Sheet2")』と『s』が付いて複数形になってるね」

「ご明察。で、さっき消しちゃったけど、Workbookオブジェクトの場合も『Workbooks("はじめてのマクロ.xlsm")』と『s』が付いて複数形になるよ」

「それはなぜ？」

ボクの質問に、陽菜は束の間思案顔になってから声を発した。

「ねえ、ユーイチロ。あなた、何か趣味で集めたりしてない？」

「なに、突然。まあ、推しのアイドルのＣＤは集めてるよ」

「え！　推しの生下着！　ユ、ユーイチロの変態！」

「誰が生下着集めてるって言った！　それに、アイドルの生下着なんて手に入るわけないだろ」

「だからって、代わりにアタシの使用済み生下着を今ここでよこせだなんて。ユーイチロ、ひどい」

「いや、言ってないし、そもそもヒナの使用済み生下着、欲しくないから」

「なんか、それはそれでムカつくわね」

陽菜は頬を膨らませながら続けた。

「じゃあ、生下着のことは忘れて、あなたが集めているアイドルのＣＤ。それはＣＤのコレクションってことよね」

「そうだけど」

「それと同じなの。**ＶＢＡでは同じオブジェクトの集まりを『コレクション』と呼ぶの。そして、そのコレクションに対して目的の名前、もしくはインデックス番号を付加してオブジェクトを特定するんだ。**こんな具合にね」（図3-15）

「なるほど。確かに一つじゃコレクションとは呼ばないもんね。同じものを複数個集めるからコレクションだもんね。それで『s』が付いて複数形になるわけか」

「そのとおり。だから、『Workbooks』と『Worksheets』の『s』は絶対に忘れちゃ駄目よ。まあ、記述し忘れたところでエラーが出てそのマクロは動かないけど、なぜ『s』が付くのかの理由を理解することが重要よ」

「うん。確かにややこしいけど理解したよ。VBAでは複数形のコレクションに対して名前かインデックス番号を指定して、その複数の中から一つのオブジェクトを特定するわけだね」

「へえ。ユーイチロ、なかなか鋭いじゃん」

「ちなみにインデックス番号って何?」

「これは、ブックの場合には開いた順番、ワークシートの場合には左から順に1、2、3と自動的に振られる番号よ」

そこまで聞いて、ボクは一つ、違和感を抱いた。

「ねえ。セルの説明が全然ないけど、何か違うの?」

「セルだけは特別なの。単一のセルだろうと複数のセ

図 3-15

◎コレクション+名前でオブジェクトを特定する

Workbooks("はじめてのマクロ.xlsm")　Worksheets("Sheet1")

コレクション　名前　コレクション　名前

◎コレクション+インデックス番号でオブジェクトを特定する

Workbooks(1)　Worksheets(3)

コレクション　インデックス番号　コレクション　インデックス番号

ル範囲だろうと、必ず『Rangeオブジェクト』になるの。セルだけはコレクションという概念がないんだよ。これ、めちゃくちゃ重要だから確実に覚えてね」

「うん。わかった」

ボクが答えると、陽菜はエクセルで『Sheet2』という新しいワークシートを追加して、元通りSheet1をアクティブにした。

「ねえ、ユーイチロ。この状態でSheet2のセルに文字を手入力してみて」

「いや、そんなことできるわけないじゃん」

「そう。じゃあ、[Alt] + [F11] キーでＶＢＥを開いてさっきまで見ていたマクロを実行してみて」(図3-16)

ボクが言われるままにマクロの中にカーソルを置いて [F5] キーでマクロを実行すると陽菜が言った。

「よし。じゃあ、エクセルに表示を切り替えて」

「切り替えたよ」

「で、Sheet2を見て」

図3-16

```
Sub あいさつ()
    Worksheets("Sheet2").Range("A1:D10").Value = "さようなら"
End Sub
```

ボクはSheet2を表示した。

「え！　Sheet2のセルＡ１からＤ10に『さようなら』と入力されてるぞ！」

「言いたいこと、わかった？　手入力ではアクティブシートのセルにしか文字は入力できないけど、**ワークシートとセルは親子関係でつながっていることを理解していると、アクティブではないワークシートのセルを対象にできるの。**ここがＶＢＡの凄いところだよ」

〈確かに凄い。しかも、手作業では必ず「Sheet2をアクティブにする」という操作が入るから、こんなたった一行のステートメントでさえマクロ記録では作れない〉

そして、ボクがさらに思案を続けていると陽菜に聞かれた。

「どうしたの、ユーイチロ？」

「あ、つまり、**セルから見て親オブジェクト、すなわちワークシートがアクティブではないときにはこのマクロのようにWorksheetオブジェクトを指定して、目的のワークシートがアクティブのときには省略してもいい**ってことだね？」

「もーう。ユーイチロ、鋭すぎる。アタシ、惚れてまう状態じゃなーい」

「ふっ。俺に惚れると火傷するぜ」

「調子に乗りすぎ。って、そのギャグ、昭和か」

陽菜はボクの頭を小突いてから続けた。

「そして、そのルールはブックにも当てはまるよ。今回はアクティブブックが操作の対象だからマクロの中では指定してないわけ。言い換えれば、**ＶＢＡなら『アクティブではないブック』でも、そのWorkbookオブジェクトを指定すれば操作の対象にできるわ。もっとも、そのアクティブではないブックが開いていることが条件だけど**」

今日一日でボクはどれだけ進歩したのだろう。なんともいえない充足感が体を包む。と同時に、ふとパソコンが表示する時刻が目に入った。

「二十三時！　ごめん、ヒナ。夢中になって長居し過ぎた。俺、おいとまするよ」

「ちょっと待って。ここじゃ区切りが悪いわ。あと少しでＶＢＡの基礎は完璧になるよ」

「でも、時間が……」

「アタシは大丈夫よ。なんなら、このあとの説明に疲れたら泊っていってもいいよ。ベッドは一つしかないけど」

「な！」

「なに。その『な！』は。そんなリアクション初めて見たわ。それより、ＶＢＡの学習、続けるの、続けないの？」

〈「続ける」と言うと、まるで俺がヒナと一夜を共にしたいみたいじゃないか。だけど、確かにＶＢＡは面白い。それに、残りの説明も聞いてＶＢＡの基礎を完璧にしたい……〉

「もしくは、ＶＢＡの勉強はもうしないけど泊っていくという選択肢も差し上げてよ」

「い、いや。ＶＢＡは勉強したいから続けてもらえる？　だけど、雨も止んでる様子だし、レッスンが終わったら帰るよ」

すると、陽菜は束の間寂しげな表情を見せて視線を床に落としてから口を開いた。

「そう。ヒナ様特製の夜明けのコーヒーはいらないのね。わかった。じゃあ、今から休憩のコーヒーを淹れるからちょっと待って。あ、ユーイチロ。あなたお腹は空いてないの？　アタシ、料理はからきし駄目で。前のコンビニで何か買ってくる？」

「いや、いいよ。人間、夢中なときには空腹を感じないものだね。それよりヒナ。コーヒー飲めないのにハンドドリップって結構なこだわりだね。確かにヒナのコーヒーは美味しいけど」

「まあ、お客さん用ね。人が来たときにコーヒーも出せないじゃつまらないでしょう。だから、カップも一つしかないよ」

「よく来るの？　お客さん？」

陽菜はキッチンに向かいながら答えた。

「うーん。時々といったところかな」

〈そうか。時々人が来るのか。そういえば俺、ヒナには彼氏はいないって決めつけてたけど、考えてみればこんな美人に彼氏がいないほうがおかしいか……〉

そして、コーヒーを淹れ始めた陽菜を見ながら、さらにボクは胸中で呟いていた。

〈泊ってもいい。ベッドは一つ。それに、夜明けのコーヒー……。俺、「帰る」なんてなに格好つけてるんだろう〉

理由は自分が一番よくわかっていた。咄嗟にあの人が脳裏に浮かんだからだ。

そう。喜多山まりんの顔が。

第4章

ヒナの裸体、そして、プロパティとメソッド

Microsoft Excel
まりんさん、愛しています
OK

15

ボクは、二人の間に漂っていた気まずさを振り払おうと、ビートルズの『ノーウジェアン・ウッド』を聴いた話、そして、それが収録されたアルバム『ラバーソウル』のジャケット写真の話をした。

「そう。じゃあ、そのジャケット写真をSNSで見てみて」

陽菜は、何やら意味ありげではあるがやっと笑顔を見せてくれた。

「そのラバーソウルのジャケットなんだけど、音楽史に残る偉大なジャケットって言われてるんだよ」

「え？　そうなの？」

ボクは、陽菜に言われたとおりスマホで自分のSNSでジャケットを確認したが、どこがどう偉大なのか皆目見当が付かなかった。

「ヒナ。まったくわからないよ。いたって普通のジャケットに見えるけど」

「そうね。実はビートルズファンでさえ気付いていない人がいるんだけど、ねえ、ユーイチロ。アーティストがジャケットで一番アピールしたいのはなんだと思う？」

「一番アピールしたいもの……。う〜ん。ひょっとして、そのアーティストの名前とか？」

「正解。じゃあ、そのラバーソウルのジャケットのどこにアーティスト名が書いてある？」

驚いた。ジャケットにはアルバム名の「ラバーソウル」という文字と四人の顔しか写っていなかった。

「どこにもビートルズって書いてないね」

「でも、そのジャケットを見たらあなた、アーティストは誰だと思う？」

「そんなのすぐにビートルズってわかるよ。あ！」

「気付いたみたいね。要するに、そのアルバムが発売された１９６５年の年末、伝説の日本公演の半年前には、もう世界中の人がビートルズを顔だけで認識できてたってこと。そんなアーティストは人類の歴史の中でもビートルズを含めて数名しかいないでしょうね」

「ふーん。面白い雑学だね。今度、ビートルズファンにクイズを出してみるよ」

「それより、そろそろ学習再開といこうか」

「ＯＫ」

16

「さて、オブジェクトを理解したら、次に覚えなきゃいけないのは『プロパティ』ね」

「プロパティ？」

「ねえ、オブジェクトの説明をするときに会社を例に出したじゃない。その会社を思い浮かべて。会社の部品、すなわち会社のオブジェクトには特徴があるよね」

「たとえばどんな?」

「第三営業部のフロアーは約三十平方メートルとか、社員のスーツの色は青とか」

「言われてみれば、会社のオブジェクトには色々な特徴があるね」

「そして、これはエクセルのオブジェクトも同様なの。『ワークシートの名前』とか、『セルの値』とか、**エクセルのオブジェクトにもさまざまな特徴があるの。そして、その特徴のことを『プロパティ』と呼ぶのよ**」

陽菜は、説明を理解したボクの目を見ると、満足気な表情を作って続けた。

「そして、**VBAではそのプロパティの値を変更することができるのよ**。そうね。これを『VBAの基本構文その1』としよう。基本構文その1はこういうことよ」

言って、陽菜はワードに「VBAの基本構文その1」を書いた。（図4-01）

「ユーイチロ。当たり前だけど、最初はセルには何もデータは入力されていないよね」

「うん」

「すなわち、セルというオブジェクトの特徴、Rangeオブジェクトの特徴としては『値は空白』よね」

ボクは再び首肯した。

「じゃあ、このマクロを実行したらどうなるかはわかるよね」（図4-02）

「セルA1の値が空白から『さようなら』に変更されるね。あ！　このステートメントこそが『VBAの基本構文その1』だったのか！」

「そのとおり。「=」（等号）の右辺の値を左辺の**Valueプロパティ**に代入して、セルA1というRangeオブジェクトのValueプロパティの値を変更しているのがこのステートメントなの。ちなみに、**『プロパティに代入する値』が文字列のときにはこのように(")で囲むのよ**」

「代入する値が数値のときは？」

「**数値のときは(")では囲まないよ。**入力したい数値をそのまま記述して」

〈「VBAの基本構文その1」、すなわち「プロパティの値を変更する」ためのVBAのルールは理解した。

図 4-01

◎VBAの基本構文その1　～　プロパティの値を変更する

```
オブジェクト.プロパティ = プロパティの値
```

図 4-02

```
Sub あいさつ()
   Range("A1").Value = "さようなら"
End Sub
```

それよりも、ヒナは最初からこの説明につなげるために、昨日のマクロ記録の段階から説明手順を綿密に練っていたのか。ヒナ……。きみは一体何者なんだ……？

17

「じゃあ、今度は『VBAの基本構文その2』に移ろう。今度は、**『プロパティの値を取得する方法』**よ」

「取得って何？」

「取得は、『値を調べて入れ物に入れる』って意味ね」

「値を調べて何に入れるの？」

「うーん。ちょっとワード貸して」

言うと、陽菜は次のように書いた。（図4-03）

「この左辺のXは何？」

「ここに値を入れる入れ物を書くの。一般的には次回のレッスンで教える『変数』を左辺に書くんだけど、右辺の値を入れられるものなら左辺に色々と書くことができるわ」

「なんか、一気に難易度が上がったな。変数って何?」

「今は正確に理解する必要はないよ。ユーイチロはまだそのレベルには達してないから」

「ぐっ」

「まあ、変数は次回のお楽しみということで、今は、プロパティの値を取得するときには、右辺の値を左辺に放り込むということだけ覚えておいて。たとえばこんな具合ね」

言って、陽菜は今度はVBEで新しいマクロを書いた。(図4-04)

「さて、まずは「=」の右辺を見て。ここにRangeオブジェクトのValueプロパティがあるよね。ユーイチロ。Valueプロパティってなんだっけ?」

「セルの値だよね」

「じゃあ今、Sheet1のセルA1の値はどうなってる?」

「『さようなら』と入力されてるね」

「ということは、この右辺で『さようなら』という値

図 4-03

◎VBAの基本構文その2　～　プロパティの値を取得する

```
X = オブジェクト.プロパティ
```

図 4-04

```
Sub プロパティの値を取得する()
    Worksheets(1).Name = Range("A1").Value
End Sub
```

が取得できるわけ」

「なるほど」

「で、それを「=」の左辺に代入してるのがこのマクロよ。ちなみに、左辺にあるのは『1枚目のワークシートの名前』という『入れ物』よ」

「じゃあ、このマクロを実行すると1枚目のワークシートの名前が『Sheet1』から『さようなら』に変更されるの?」

「実際に試してみて」

ボクはマクロの中にカーソルを置いて［F5］キーでマクロを実行して、［Alt］+［F11］キーでエクセルに表示を切り替えた。

「本当だ! 1枚目のワークシートの名前が『さようなら』になった!」(図4-05)

「これがプロパティの値の取得よ。すなわち、Valueプロパティの値を『=』の右辺で『取得』してるわけ。これが『VBAの基本構文その2』よ」

図 4-05

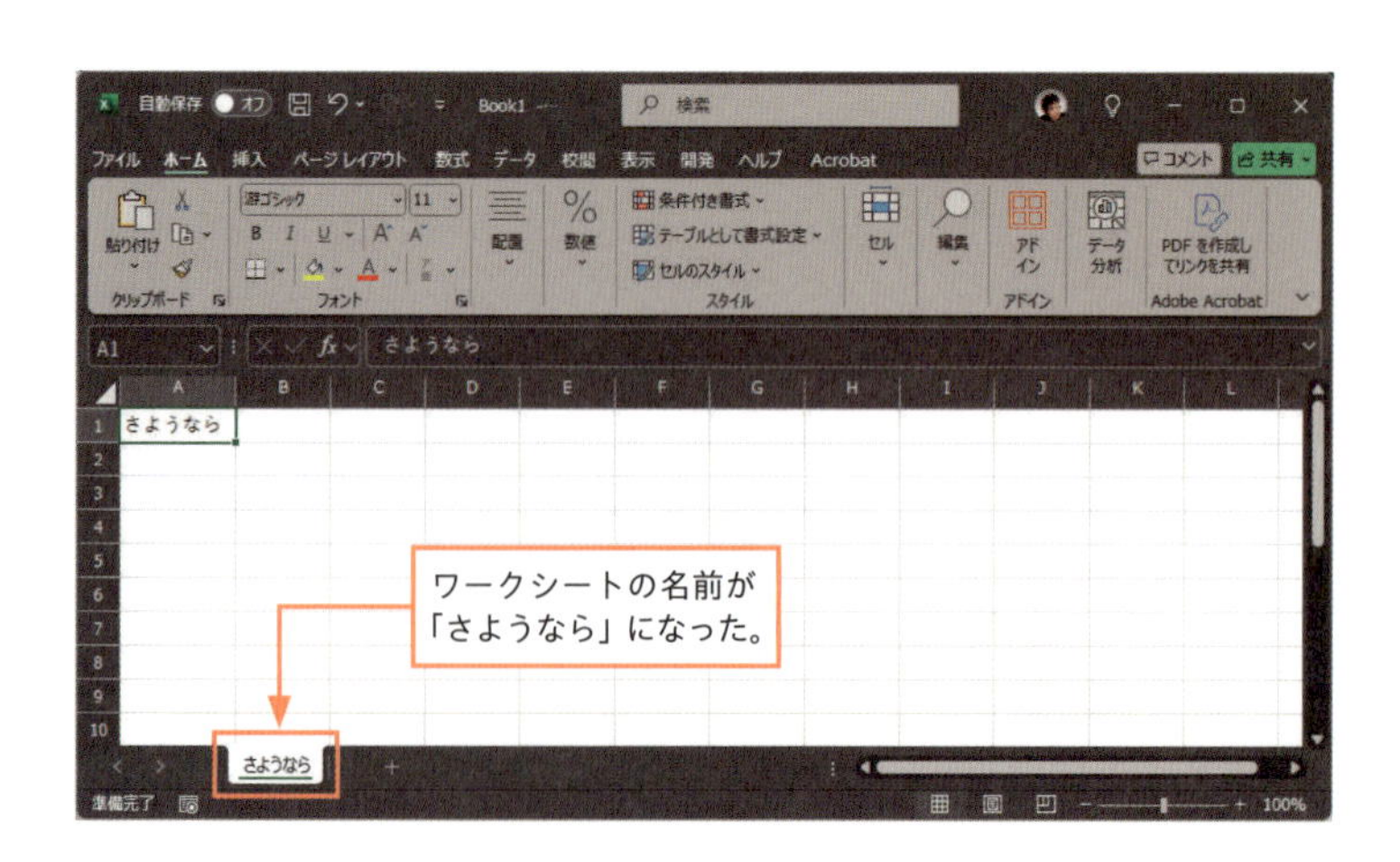
ワークシートの名前が
「さようなら」になった。
さようなら

「なるほど」

「もっとも、このマクロは『=』の左辺でWorksheetオブジェクトのNameプロパティに値を代入してるから、そこは『Nameプロパティの値の変更』、すなわち『ＶＢＡの基本構文その１』ね」

「ってことは、このステートメント一つで『ＶＢＡの基本構文その１』と『その２』を同時に実行しているわけか！　凄いマクロだね。…………」

「どうしたの、無口になって。ひょっとして眠くなった？　なら、いいよ。アタシのベッドで……」

「いや、こんな凄いもの見せられたら眠気も吹っ飛ぶよ。まさか、セルに書かれてる文字がそのままワークシートの名前になるなんて……」

「それができちゃうんだよね。ＶＢＡを使うと」

〈いや、マジで凄いぞ。ＶＢＡって〉

「あ、念のために言っておくけど、このマクロ、セルの値が空白だとエラーが出るからね。右辺で空白を取得して左辺でワークシートの名前に代入しても、エクセルではワークシートの名前を空白にできないから。**ＶＢＡは、文法は正しいのに実行するとエラーが出ることもあるから注意して。それを『実行時エラー』って言うんだけど。あと、文法そのものが間違えているときのエラーは『コンパイルエラー』って言うけど、このあたりの呼称は無理に覚えなくても**

いいよ」

「う、うん」

「あ、せっかくだから、『プロパティの値の取得』とは切っても切り離せないテクニックを教えるよ。ついでに、VBEの機能も必要なものは全部覚えちゃおう」

「全部？　いや、ヒナ。さすがにそれは無理だよ。だってVBEのメニューを見てよ。ファイル、編集、表示、挿入……と十一個もあるじゃん」

「やれやれ」

陽菜は肩をすぼめながら続けた。

「これだから素人は。じゃあ聞くけど、あなた、エクセルの機能はすべて知ってるの？」

「いや。多分、半分も理解していないと思う」

「たったの半分ね。ということは、ユーイチロはエクセルを使うときに苦労しまくってるわけね」

「いや、不便を感じることはまったくないよ。だって、使わない機能を覚えても無駄……」

「気付いたみたいね。VBEもそれと一緒よ。VBEの場合は機能を一割も知ってれば十分だよ。残りの機能はほとんど使わない。で、使わないものを覚えても無駄と言ったのはユーイチロ自身よね」

「わかったよ。っていうか、ヒナ、ディベートに負けたことないだろ。それってあなたの感想ですよね、と切り返したいところだけど完敗だ」

18

「じゃあ、VBAの基本構文その2、プロパティの値を取得する例をもう一つ紹介するよ。じゃあ、ユーイチロ。マクロのステートメントの左辺を消去してみて」

「こうかい?」

ボクは左辺の「Worksheets(1).Name」を消去した。

「そうしたら、通常はこの『=』を指定しないことはあり得ないんだけど、今回は例外ということでここでは『=』も消去して」

「『=』を消したよ」

「よしよし。これで準備はできたから、今度は『msg』と入力して。あ、[Enter]キーは押しちゃダメだよ」

ボクは言われたとおりにした。(図4-06)

図 4-06

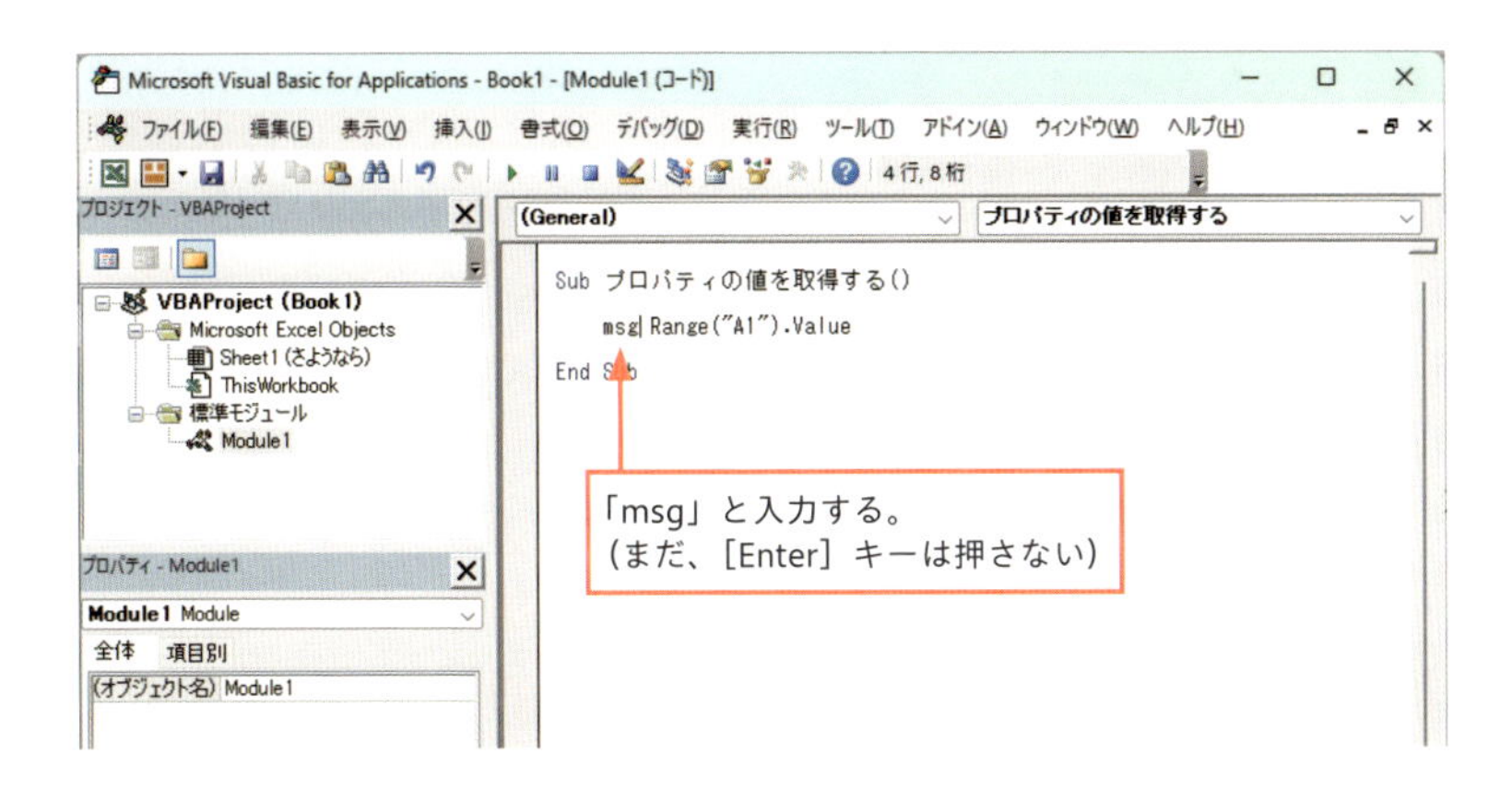

「よし。じゃあそこで［Ctrl］＋［スペース］キーを押して」

すると、瞬時にして「MsgBox」と表示された。これには少々驚いた。何やらマクロが完成したらしい（図4-07）

「どう？　ちょっと驚いているみたいだけど、今実践したのが**『入力候補』**という機能だよ。VBEでは、ある程度文字を入力して**［Ctrl］＋［スペース］キー**を押すとキーワードの候補を表示してくれるんだ。このショートカットキーは絶対に忘れないでね」

「あ、ああ。だけど、キーワードの候補じゃなくていきなり『MsgBox』と表示されたけど」

「それは、VBAには『msg』で始まるキーワードが『MsgBox』しかないからよ」

「なるほど」

「それからユーイチロ。エクセルを使っていると色々なメッセージが表示されるじゃない。たとえば、ワー

図 4-07

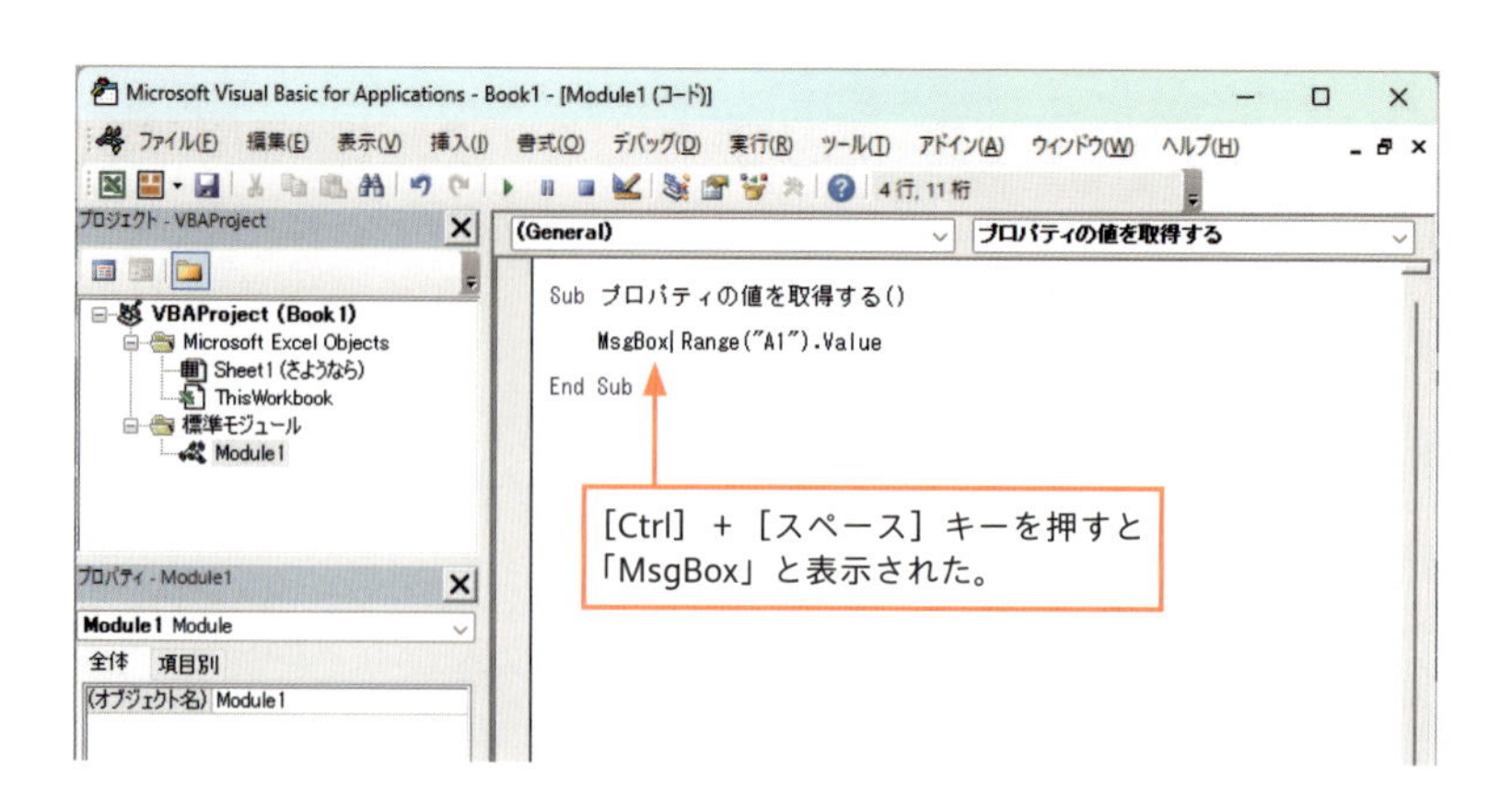

クシートを削除するときには確認メッセージが表示されるよね」

「そうだね」

「で、ＶＢＡを使うとそうしたメッセージも表示できるのよ。ということで、今作ったマクロを実行してみて」

今度はかなり驚いた。セルＡ１の値がメッセージボックスに表示された。（図4-08）

「これは凄い。『MsgBox』を使えば、いつでもプロパティの値をメッセージボックスで確認できるわけか」

「そのとおり。また、『MsgBox』にはこんな使い方も……。あ、これは別の標準モジュールに書こうか」

「標準モジュール？」

「そう。マクロは標準モジュールに記述することくらい当たり前だけどもう理解してるよね」

ボクは頭を縦に振った。

「でも、エクセルでワークシートが何枚も必要になるように、マクロの数が増えれば、標準モジュールも二枚、

図 4-08

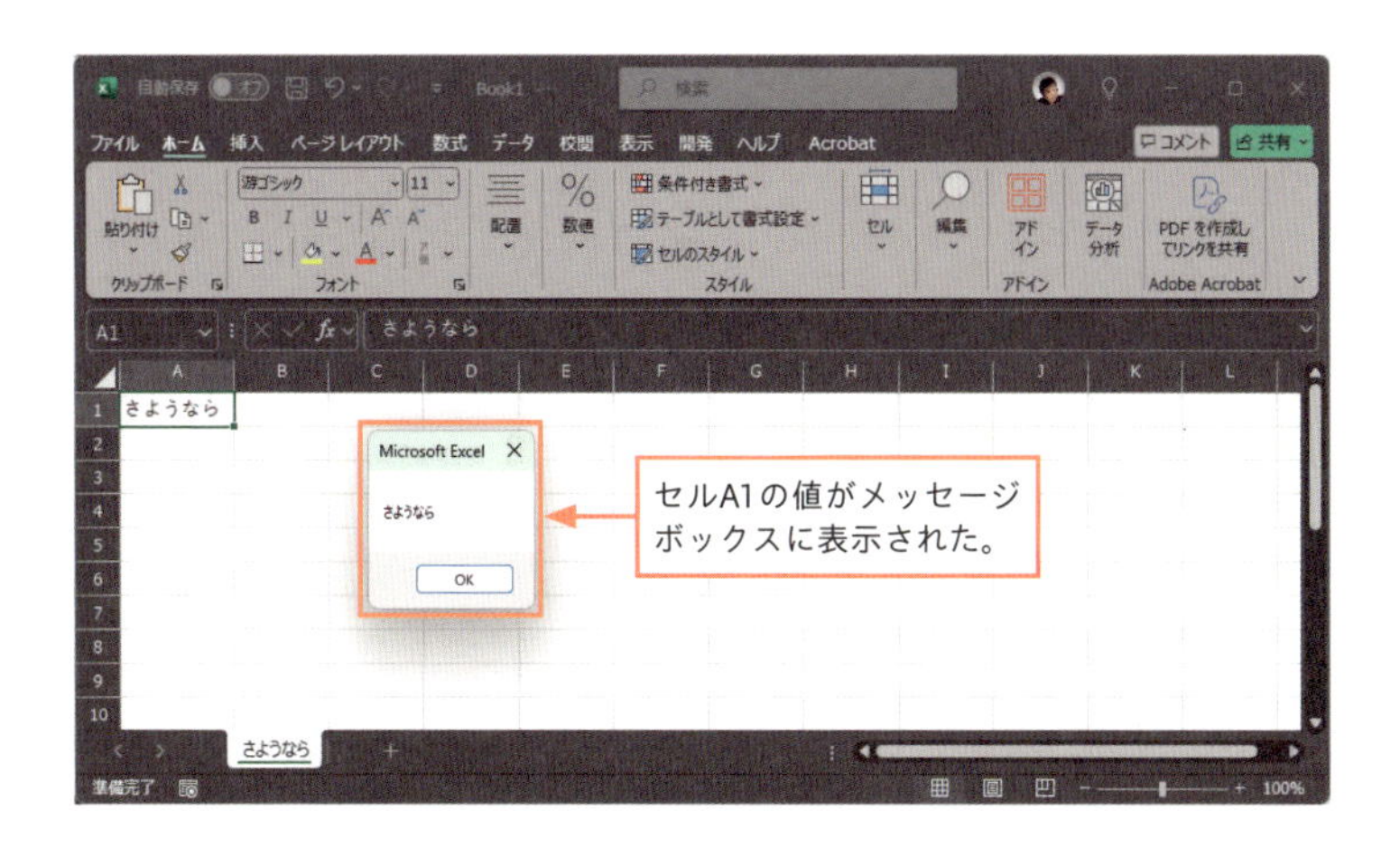
セルA1の値がメッセージボックスに表示された。
Microsoft Excel
さようなら
OK

三枚と必要になってくる。そこで、試しに標準モジュールを一枚追加してみよう」

「標準モジュールを追加？　どうやって？」

「もう。いいわ。アタシがやってあげるからよく見てて」（図4-09）

すると、「Module2」という標準モジュールがプロジェクトエクスプローラーに表示された。

「これが、標準モジュールの追加方法よ」

「なるほど」

「そして、もう一度追加するときにはこのボタンをクリックするだけでいいの」（図4-10）

すると、今度は「Module3」が追加された。

「いい？　マクロ記録をしたときには自動的に標準モジュールが追加されるけど、手作業の場合はこうやって追加するの」

「ふーん。ちなみに、1つの標準モジュールに1つし

図 4-09

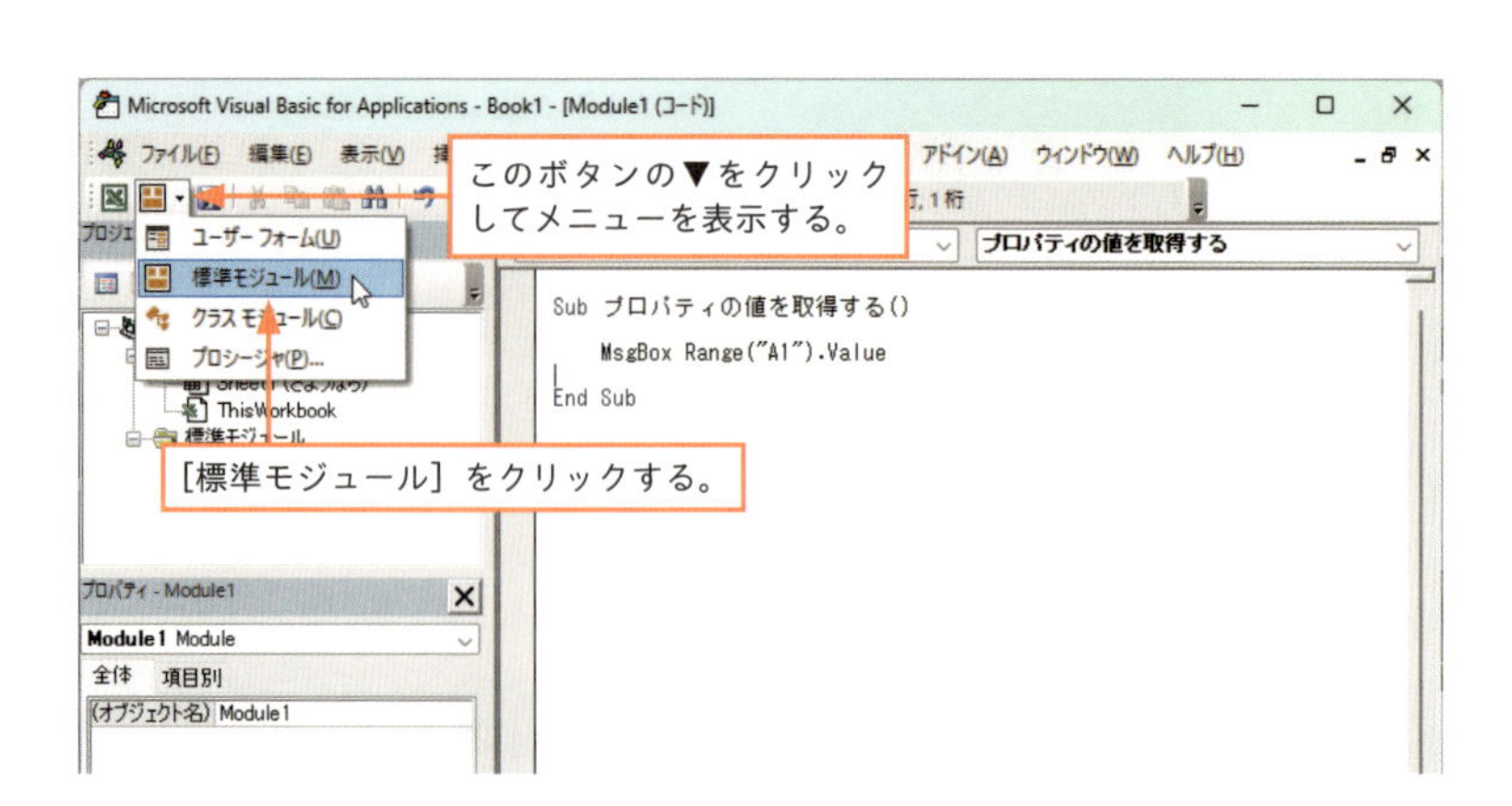

かマクロは作れないの？」

「そんなことないよ。何十個でも作れるけど、一般的には1つの標準モジュールに作るマクロは多くても10個以内だね。そうしないと後からマクロのメンテナンスが大変になるから」

「うん、わかった。じゃあ、今度は今追加したModule3を削除して。さあ、ちゃちゃっと頼むよ」


「あなた、何様のつもりよ。いつからアタシのご主人様になったのよ。ここはコーヒーは出るけどメイドカフェじゃないんだから。あなたが削除なさい」

「わかったよ。まぁ、削除なんて余裕だけどね。『ABC』の『A』だよ」

すると、陽菜が突然頬を赤らめた。

「もう、ユーイチロったら。『ABC』だなんて。エッチ。でも覚悟は決めた。じゃあ、電気消すね」

「その『ABC』じゃないから！　それに、勝手に覚悟決めないでよ。削除なんて朝飯前って言いたかった

図 4-10

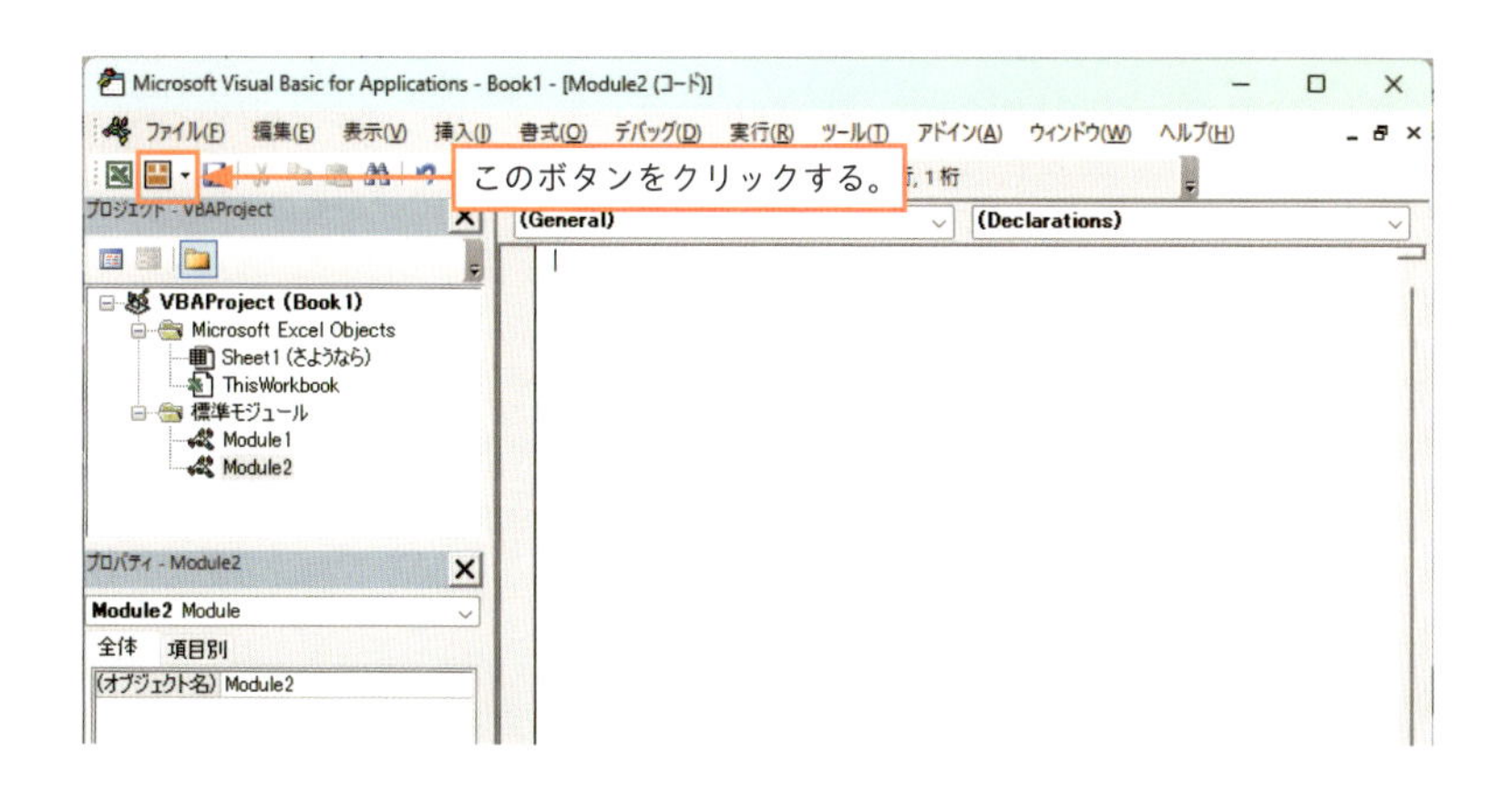

の」

「あらそう。じゃあ、できないときにはお仕置きでよろしくて。ちょっと、蠟と鞭を持って来るわ」

「いや、だから急に女王様キャラになるのはやめて。って、なんで俺ができない前提なんだよ。モジュールの削除なんて簡単でしょ。こうやって、Module3を右クリックしてショートカットメニューを表示して……」

さて、削除、削除……。

うん？　どこにも「削除」がないぞ。しまった。勘が外れたか。

ただ、「Module3の解放」というコマンドがあるな。考えられるとしたらこのコマンドだな。（図4-11）

そこで、ボクは［Module3の解放］をクリックした。

〈なんだ。なにかメッセージボックスが表示されたぞ。おいおい。どんどんドツボにはまっていくじゃないか。おい、これはマジで蠟と鞭か〉（図4-12）

図 4-11

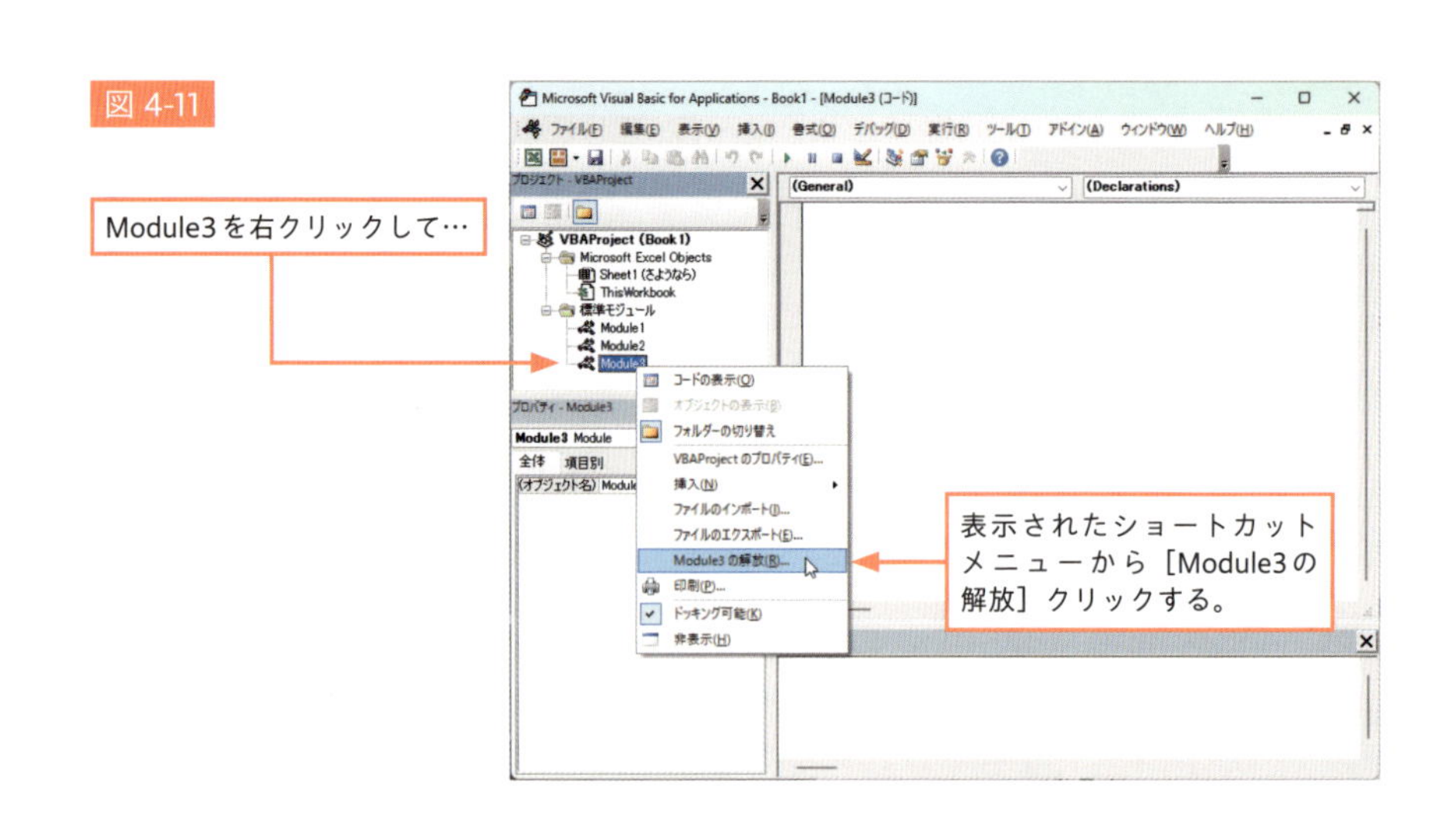

エクスポートしますか？　……。ダメだ。さっぱり意味がわからない。ここは陽菜に懇願するしかない。

「ヒ、ヒナ……」

「なにかしら？」

「削除できません」

「おーほっほ。どうなさったのかしら。モジュールの削除なんてベッドを共にする前の『ABC』の『A』ってあのセリフは嘘だったの？」

「だからその話は忘れて。それよりよく見ろよ。『削除する前にModule3をエクスポートしますか？』って表示されてるだろ」

「で、あなたはどっちなのかしら。激しく狂おしくエクスポートしたいのかしら。それとも、したくないのかしら？」

「いや、そのエクスポートがわからないんだけど、そんな言われ方されたら『いいえ』を選ぶしかないだろ」

「じゃあ、自分の気持ちに嘘をついて［いいえ］ボタ

図 4-12

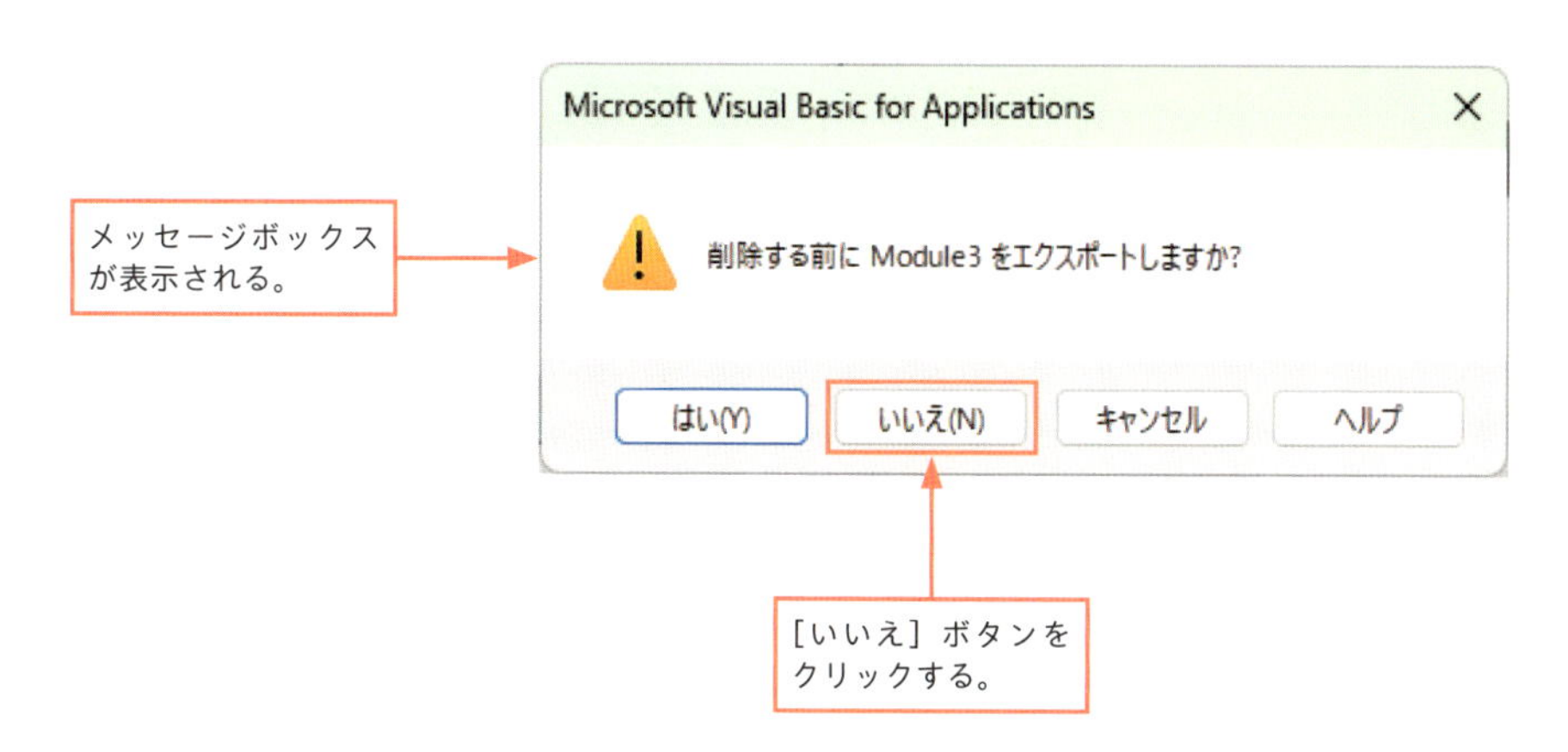
Microsoft Visual Basic for Applications
削除する前に Module3 をエクスポートしますか?
はい(Y)
いいえ(N)
キャンセル
ヘルプ
メッセージボックスが表示される。
［いいえ］ボタンをクリックする。

ンをクリックなさい」

ボクは言われたとおり［いいえ］ボタンをクリックした。するとModule3が削除された。

「あら、上等じゃない。それが標準モジュールの削除の手順よ。そして、今のメッセージボックスでは今後は［いいえ］ボタンをお選びなさい。一生、［はい］ボタンを選ぶことはなくてよ。おーほっほ」

「ちょっと、いつまで女王様キャラ演じてるの。いつものヒナに戻ってよ。だけど、この『エクスポート』の意味がわからないのはちょっと気持ち悪いね」

「ふーん。さながら今のユーイチロは、虫歯が二本あるのに一本しか治療してもらえなかったような気持ちの悪さかしら?」

「何、そのたとえ。なまじ上手いだけに腹が立つけどまさしくそのとおりだよ」

「じゃあ、教えてあげる。エクスポートとは、今回はModule3だったけど、そのModule3を別ファイルとしてハードディスクに保存しますか、という意味よ。だけど、不要だから削除するのにModule3をハードディスクに後生大事に保存する理由はないでしょ。それに、標準モジュールの文字列なんてワードみたいに自由にコピペできるしね」

「なるほど。だけど、どうして『標準モジュール』って言うの? ただの『モジュール』じゃダメなの?」

「いいえ、ただの『モジュール』でも全然大丈夫だよ。普通に通じるから。だけど、プロジェクトエクスプローラーを見て。標準モジュールの上に『ThisWorkbook』とか『Sheet1』と表示

されてるでしょう」（図4-13）

「うん。これは何？」

「このあたりは今後のレッスンで教えるから今のあなたが意識する必要は一切ないわ。そんなものないと思って。いい、ユーイチロ。これもマクロの上達の心得よ。その時点で必要のないものは無視をする」

「無視ね。要は意識するなってことだね。まあ、それなら簡単だけど」

「へえ。力強い言葉ね。意識しないというのは、実は物凄く大変なことなんだよ。たとえば、アタシを穴が開くほど見つめて」

「どうして？」

「いいから、言われたとおりにして」

ボクは、陽菜をじっと見つめた。すると彼女が言葉を発した。

「お願い。私の裸を意識しないで！」

「！！！」

「絶対に私の裸を意識しないで！」

図 4-13

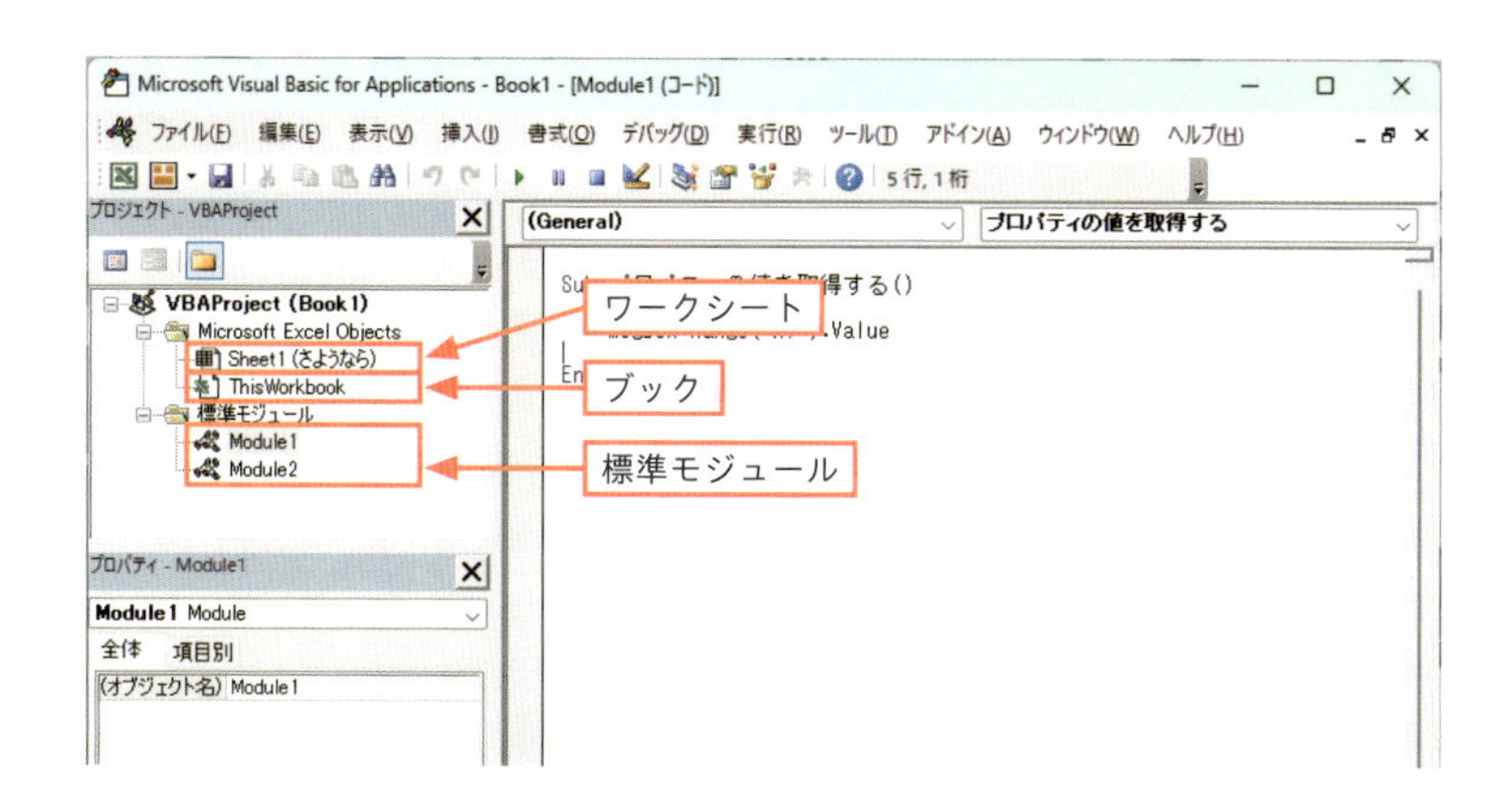

数秒の沈黙が流れた。

「どう？　ユーイチロ。まさか、アタシの裸、意識してないよね？」

「あ、ああ。まあ、その……」

「どっちなの。はっきりおっしゃい！」

「い、意識したよ！　今、頭の中、ヒナの裸しかないよ！　つーか、普通意識するだろう！」

「やだ！　ユーイチロのスケベ、エッチ、ど変態！　ストーカー！　肖像権侵害！」

「待って！　意識しないことの難しさはわかった。それについては謝るから許して」

「まったく、いいわ。許すわよ。それより、さっきの続きになるんだけど、もう一度『MsgBox』のことを思い出して」

「うん」

「じゃあ、Module2を表示したらタイトルはなんでもいいからマクロの入れ物を作って、『MsgBox』のあとに(" ")で囲む形で文章を書いてみて。あ、これはレッスンってほどのものじゃないから自分でやっておいて。その間にコーヒーを淹れてあげるよ。ＶＢＡの基本構文も残り一つだから」

「え！　あと一つでいいの！」

陽菜は笑顔で首肯するとキッチンに向かった。

〈うーん。MsgBoxで文章って、ひょっとしてこういうことか？〉

そして、マクロを実行した。（図4-14）

19

ＶＢＡの基礎もあと少しだ。そう考えると心が躍り、陽菜がコーヒーをドリップしている音が音楽のようにも聞こえた。コーヒーの一滴、一滴が陽菜が率いているオーケストラのように思えた。

そのとき、ふと陽菜に思いが至った。

「ヒナ。カフェイン全般が苦手なら俺がジュースでも買ってこようか？」

指揮者が答える。

「ありがとう。でも、アタシの心配はしないで。今はユーイチロにＶＢＡを教えることで精一杯だから」

「そう。もし何か飲みたくなったら言ってね」

図 4-14

```
Sub 愛の告白()
    MsgBox "まりんさん、愛しています"
End Sub
```

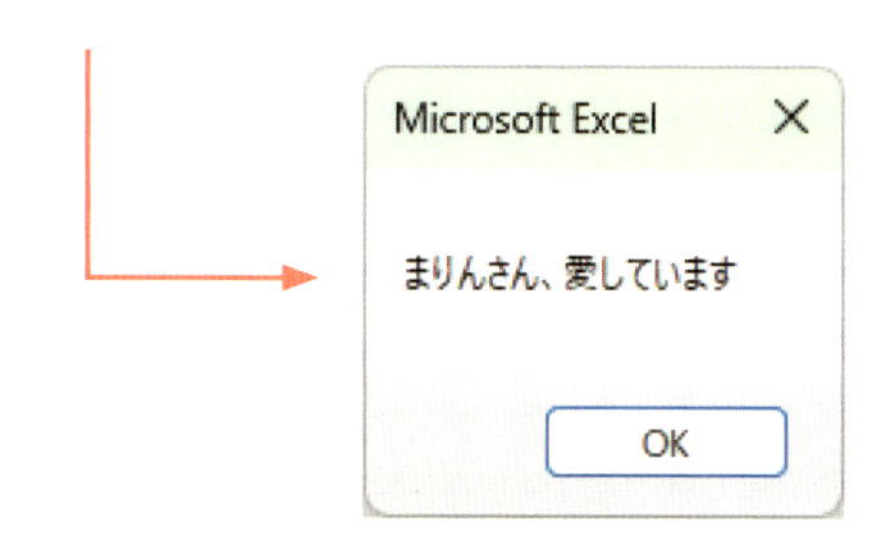

そんな牧歌的な会話をしつつも、ボクはたった今作ったメッセージボックスについ見入ってしまった。

『まりんさん、愛しています』か。ムフフ」

小さく声にする。何度復唱しても心地が良い。口元もマウスを握る右手も自然に緩む。

その瞬間だった。

「あら。何か楽しそうね」

コーヒーを載せたトレーを持った陽菜がすぐ横に立っていた。ボクは慌ててメッセージボックスを消すと平静を装った。

「あ、ありがとう」

「じゃあ、コーヒーを飲みながら最後のレッスンといこうか！　いよいよ、マクロとマグロの区別もつかなかったユーイチロがＶＢＡの最後の文法を覚えるときが来たわね！」

陽菜は一オクターブ高い声を出すと笑顔になった。


〈よかった。メッセージボックスは見られていないみたいだ〉


「じゃあ、いきなり結論から入るね。オブジェクトには特徴があって、それが『プロパティ』よね？」

「うん」

「そうしたらもう一つ。オブジェクトは『役割』を持ってるの。まあ、動作とか操作と言い換えてもいいけど、たとえば、目だったら、閉じたり、開いたり、涙を流したりするでしょう」

「そうだね」

「そして、その動詞に相当する部分を**『メソッド』**って言うの。そして、オブジェクトはこのメソッドを持っているってわけ。VBAのステートメントにするとこうね」

言いながら、陽菜はワードに書き込んだ。（図4-16）

そして続けた。

「あ、ちなみに『引数』は『ひきすう』って読むから。じゃあ、ちょっとエクセルを触るよ」

言って、陽菜はワークシートを三枚にしてから言った。

「では、なんか随分と久しぶりの感じもするけど、Sheet1をSheet3の後ろにコピーする操作をマクロ記録

図4-16

◎VBAの基本構文その3　～　メソッドを使う

オブジェクト.メソッド 引数名:=引数

図4-17

```
Sub Macro1()
   Sheets("Sheet1").Copy After:=Sheets(3)
End Sub
```

してみて」

ボクは、言われたとおりマクロ記録をした。すると、新しい標準モジュールが追加されてマクロが自動で記述された。（図4-17）

「よしよし。じゃあ、メソッドの説明をする前に一つ補足ね」

「何？」

「マクロ記録の場合、ワークシートを『Worksheets』じゃなくて、このように『Sheets』ってキーワードで記述するの」

「じゃあ、どっちを使ってもいいの？」

「いえ、『Sheets』にはワークシートだけじゃなくてグラフシートも含まれるから、初心者の間は**ワークシートを対象にするときには絶対に『Worksheets』のほうを使うべきね。**じゃあ、それを念頭にこのマクロを直してみて」

「こうかい？」（図4-18）

「よし、正解。じゃあいよいよ本題。このステートメントではどれがメソッドかわかる？」

「うーん。まず、Worksheets("Sheet1")がオブジェクトだよね。となると、『Copy』がメソッドだね」

「そのとおり。『コピーする』というのはオブジェクトの特徴じゃなくて『オブジェクトの動作』でしょう。だからプロパティじゃなくて、ここではCopyメソッドを使ってるわけ」

「ふーん。だけど、そのあとに何か続けて書いてあるね」

「それが『引数名』と『引数』なの」

「ごめん。もう少し具体的に教えてくれる?」

すると、陽菜は束の間考え込んだが、すぐに口を開いた。

「動作の場合には『何を』とか『どこに』みたいな付随情報が必要なときもあるでしょう。『食べる』という動作なら『ラーメンを』とか、『走る』という動作なら『公園まで』とか。そうした付随情報が必要なときにはそれをメソッドのあとに書くのよ。こんな具合にね」

言って、陽菜はワードに書き込んだ。(図4-19)

なるほど。つまり、こういうことか。

図 4-18

```
Sub Macro1()
    Worksheets("Sheet1").Copy After:=Worksheets(3)
End Sub
```

図 4-19

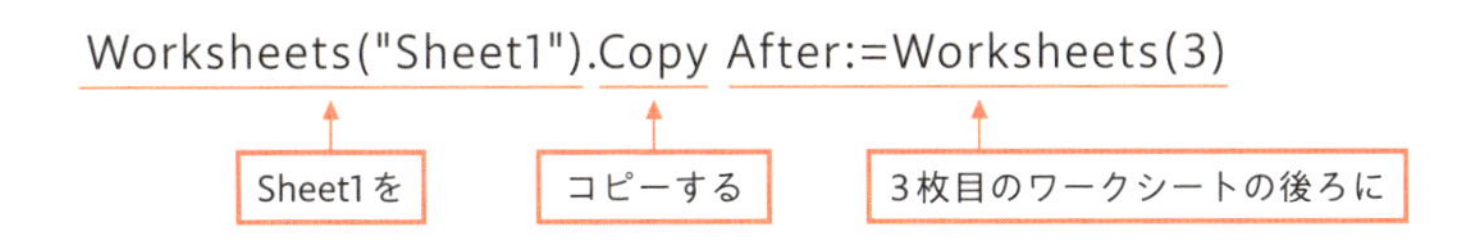
Worksheets("Sheet1").Copy After:=Worksheets(3)
Sheet1を
コピーする
3枚目のワークシートの後ろに

Worksheets("Sheet1")
→「Sheet1」という名前の**オブジェクト**
Copy
→「コピーする」という**メソッド**
After:= Worksheets(3)
→「3枚目のシートの後ろ」という**引数名と引数**

「理解できたみたいね。どう？　予想以上に簡単でしょ？」

「つまり、**VBAって突き詰めればプロパティかメソッドでエクセルのオブジェクトを操作するプログラミング言語**なんだね」

「へえ、鋭いじゃない。まさしくそのとおりと言いたいところだけど……。うーん、ユーイチロがそう思うなら補足させて。ということで本日最後の例題行くわよ」

〈うん？　ヒナの言い回し、なんか微妙だな。俺、何か勘違いしてるのか？〉

「最後の例題は、『すべてのワークシートを削除する』よ。ちなみに、オブジェクトを『削除する』というのも『動作』だからここでは『Deleteメソッド』を使えばいいよ。あと、削除するのに補足情報は必要ないから、今回は引数名も引数も不要よ。さあ、ユーイチロ。どんなステートメントを書く?」

うーん。すべてのワークシートを削除するか。もし、Sheet1を削除するならこんなステートメントになるのは間違いない。(図4-20)

だけど、今回は「すべての」ワークシートが操作の対象だ。

〈……。駄目だ。わかりそうにないな。仕方ない。マクロ記録をして……〉

「マクロ記録はできないよ」

図 4-20

```
Worksheets("Sheet1").Delete
```

陽菜がボクの思考にかぶせるように声を発した。

「え!？」

「え、じゃないよ。エクセルでワークシートが一枚もないブックなんてあり得る？」

「た、確かに。駄目だ。ヒナ、降参だよ」

「ちょっとワード使うわよ」

そして、陽菜はステートメントを書いた。（図4-21）

「あれ、これ『Worksheets』のあとに名前やインデックス番号の指定がないぞ。ほら、『Sheet1』とか『(3)』とか」

「ユーイチロはオブジェクトは完全に理解できてるわね。だから今の疑問もVBAが上達した証ではあるけど、あなたの推しのアイドルのCDの話を思い出して。それってCDのなんだっけ？」

「CDの？……。あ、コレクションだ！」

「そのとおり。要するに、VBAでは名前やインデックス番号を指定しなければコレクションを操作できる

図4-21

×コレクションに対してDeleteメソッドを使う
（ただし実行するとエラーになる）

```
Worksheets.Delete
```

図4-22

◎コレクションに対してCloseメソッドを使う
（実行してもエラーにならない）

```
Workbooks.Close
```

の」

「なるほど。すなわち、ＶＢＡは**プロパティかメソッドでエクセルのオブジェクトやコレクションを操作するプログラミング言語**だと言いたいわけだね」

「そのとおり。ちなみに、今書いたステートメントはエクセルではすべてのワークシートを削除することはできないからエラーになるけど、このステートメントならきちんと動くよ」（図4-22）

「これは、Workbooksコレクションに対してCloseメソッドを使ってるね。ということは、このステートメントで開いているブックを一度にすべて閉じることができるの？」

「正解！」

「はあー。ＶＢＡってどこまで凄いんだ」

「そうやって感心して興味を持つことがＶＢＡの上達のコツだけど、ため息をついてる場合じゃないよ。もう午前二時だよ」

「うわ！　本当だ！」

今日一日でボクが陽菜から学んだこと。もしこれをスクールで教わっていたら数万円はかかるだろう。

そう思うと陽菜には感謝の気持ちしかなかったが、次の彼女の一言でありがたみが半減した。

「じゃあいいよ、ユーイチロ。シャワー、先に浴びても」

「え！　い、い、いや。帰るから。俺、帰るから」

「ふーん。俺と一晩過ごしたかったら先に『変数』を教えろってことね。あなた、そうやって交換条件で数多（あまた）の女をおもちゃにしてきたのね」

「だから、いつ俺が交換条件を出した！　それに、俺が女性をおもちゃにするほどの積極的なモテ男に見えるか？」

「あーら、そう。じゃあ、あれは何よ。『まりんさん、愛しています』って。しかも、ほかの女の部屋で」

言って、陽菜はふてくされたようにそっぽを向いた。

自宅への帰路でボクは思わず天を仰いだ。

〈あのメッセージ、見られてたのか……。なんか気まずいな。それより、さっきから背後に気配がするんだよな。……。まぁ、気のせいか〉

そこまで胸中で呟くと、今度は思考と言葉が一致した。

「あ、ヒナの家にビニール傘を忘れた！」

しかし、時刻は午前二時過ぎだ。今から戻るのもヒナに迷惑だ。傘は今度にして今日は帰ろう。

そのときのボクは、電信柱の背後に隠れている人影の存在など知る由（よし）もなかった。

第5章

恋のライバル、そして、変数とVBA関数

21

朝礼のとき、部長の白雲鈍太が二人の名前を呼んだ。

「黒空酷斗君。喜多山まりんさん」

二人は互いに視線を交わすと、揃って前に出て白雲を挟むように横に並んだ。

「今日はみんなに嬉しい報告が二つある」

白雲はそう言うと、左にいる黒空の手を取って上に挙げながら続けた。

「ついに黒空君が新規契約に漕ぎつけた。一社目だが、営業部に来てまだ四ヵ月であることを鑑みると立派な成績だ」

部員の手からは大きな拍手が発せられ、黒空は得意満面な顔でその様子を見渡している。

「そして……」

白雲は、今度は右にいるまりんの手を取った。

「なんと、喜多山さんは四社目の契約を成立させた」

その瞬間、部内にはどよめきが起きた。みな、拍手をすることも忘れて目を見開いて驚いている。

「ほら、みんな。拍手はどうした」

白雲の言葉で我を取り戻した部員からは一際大きな拍手と歓声が上がった。

黒空の右腕、白雲の両腕、まりんの左腕。天を突く四本の腕は、「Ｗ」を描いているように見えた。まさしく、文句なしの「Ｗｉｎ」、大勝利だ。

「二人ともたいしたもんだ。きみたちを見てるとつくづく思うよ。仕事ができる、できないは、やっぱり学歴なんだなと。黒空君と喜多山さんは、慶智大学時代からの仲間なんだよな？」

黒空が「はい」と答える。

「慶智大学は本当に優秀だな。って、あ、私の母校も慶智大学だった」

〈出やがった。白雲のオヤジギャグ。みんなが笑ってるのは面白いからじゃないぞ。愛想笑い、いや、失笑だよ。それに悪かったな。俺は中途半端に名の知られた二流大学だよ〉

その後、ボクたちは十分も、白雲の黒空とまりんへの賛辞と母校自慢に付き合わされたが、やっと苦痛の時間が終わり席についたボクの目に、さらに衝撃的な光景が飛び込んできた。

まりんの横に立った黒空が、親しげに彼女の肩に手を置いて言った。

「なあ、まりん。今夜、食事でもどうだい？」

「え？」

「ほら。二人の成約祝いだよ。実は、ゆうべのうちに予約を入れてあるんだ」

「どこに？」

「西麻布のレフェルヴェソンスだよ」

「そこって3つ星のフレンチじゃない。私、そんなお金……。学生時代に行った二郎系ラーメンのマシマシじゃ駄目？」

「おいおい。俺たちはもう学生じゃないんだぜ。それに、俺がレディーに財布を持たせるようなダサい男に見えるかい？　とにかく、レフェルヴェソンスのコンテンポラリーフレンチ、ルネサンス『再興』は文字通り最高さ。もっとも、あそこはコース料理がよく変わるけど、何が出てもエクセレントな安心感があるね。いいよな、まりん？」

まりんは小さくうなづいた。

「よし！　今日は金曜日だし朝までお祝いだ！　今からハイアット・リージェンシーのオードヴィーにも予約を入れておくよ」

まりんは、頬を赤らめて下を向いたままだ。だが、一瞬、視線を上げた。その先にはボクの顔がある。すると、すぐさままりんは視線をそらした。

ボクがまりんの横を見ると、黒空が勝ち誇った顔でボクを見下ろしていた。片頬だけで笑いながら。彼のメガネが光って見えたのは、決して気のせいではない。

ボクはすぐにパソコンで「ハイアット・リージェンシー」を検索した。

〈ここは……、高級ホテルじゃないか！　黒空とまりんさんは今夜、ホテルで朝まで過ごすのか！〉

ボクは茫然自失になりながらも、気付いたらＳＮＳに愚痴を書き溜めていた。

そんな自分が救いようのないほどに惨めだった。

22

交差点に来ると案の定、雨が降り出した。ボクは、昨夜の陽菜のレッスンの後に自宅そばのコンビニで買ったビニール傘をさした。

「まったく。この交差点には雨が降るスイッチでも埋め込まれてるんじゃないか?」

独り言ちながら陽菜の家を見ると彼女が手招きをしていた。

〈今夜、昨日のような勢いでヒナに迫られたら、俺、自分を抑える自信がないな〉

玄関を開けると、陽菜が傘立てを見たあとに呆れたように言った。

「ユーイチロ。あなたの傘、そこにあるんだけど。アタシの家に何本持って来るの」

「ああ。今日全部持って帰るよ。っていうか、今日は『変数』のレッスンだったよね。だけど、今日の俺は気分じゃないんだよね」

「会社で何かあったの？　あ、まりんさんと喧嘩したとか」

「いや、俺は喧嘩するほどまりんさんと仲良くはないよ。とにかく、俺は未熟なんだよ、すべてにおいて。二十五にもなって3つ星レストランの名前すら一つも知らないし」

「ふーん。つまり今日、まりんさんが誰かと3つ星レストランでデートなんだ」

「だけじゃないよ。高級ホテルのカクテルバーでお酒だってさ」

「へえ、まりんさんのお相手も隅に置けないね。ひょっとして二人は今夜……。ムフフ」

ボクは愛想笑いすらする気になれなかった。

「ごめんね。今のはアタシが悪い。ちょっと無神経だったね。で、そのお相手はどんな人?」

「ああ、黒空か。俺とまりんさんの同期で同じ第三営業部。まりんさんとは慶智大学時代からの友達らしくて、悔しいけど仕事もできる奴だよ。しかもまりんさんを『まりん』って呼び捨てで呼ぶんだ」

「そりゃあ、長い付き合いならそうじゃない。あなただってアタシを『ヒナ』って呼び捨てるじゃん。それよりユーイチロ。その黒空さん、相手にとって不足はないんじゃない?」

「いや。俺のほうが不足してるから」

「不足? そう。それならあなた、幸せじゃない」

「何!? 俺の神経を逆撫でする気?」

思わず激昂するボクに対して陽菜は冷静に言葉を繋いだ。

「違うよ。人間、満足したらそこでおしまいでしょう? 不足ってことは、言い換えれば、まだあなたの前には進むべき道が伸びてるってこと。そして、その道を一歩一歩歩んでいくのが人生なんじゃない？」

「目の前の道を一歩一歩……」

「それにね、実はＶＢＡも人生の縮図なんだよ」

「それは大袈裟なんじゃ……」

陽菜はボクに構わずに続けた。

「たとえば、あなたがＶＢＡで一行のコードを書いたとする。それは当然、あなたの血肉となり、あなたは他人より一歩前に進む。百行書けば百歩。そして、一万歩、歩いてみなさい。もはや、誰もあなたの背中など見えない。みんなが、自力でＶＢＡを勉強するよりもユーイチロに頼るほうがラクだと考える。頼られたあなたは、さらに前に進む。気付いたら、もはや逆転不能な差ができている」

「………」

「どう？　ＶＢＡも人生も同じだと思わない？」

「正直、まだピンと来ないけど、俺は置いてきぼりを喰らう側の人間にはなりたくない。人に頼られる人間になりたい。ヒナ。いや、江頭さん。お願いします。もっともっとＶＢＡを教えてください！」

陽菜は、目を潤ませながら満足気な笑みを浮かべた。

「それにアタシ、黒空さんみたいな成功者には興味がないんだよね。アタシが好きなのは成長者」

「……。ヒナ、ありがとう。頑張って成長するよ」

23

「ユーイチロ。変数を覚える前に、どのプログラミング言語でも避けて通れない**『算術演算子』**を理解しておこう」

「算術演算子?」

「そんな身構えないで。中学の数学より簡単よ。ちょっとワード貸して」

言って、陽菜はワードを開いて何やら作業を始めたが、相当複雑なものを描いているらしく、十分ほどの時間が経過してから声を発した。

「よし、できたわ。この七個が算術演算子よ」(図5-01)

図 5-01

	A	B	C		式	説明
1	10	3	13	←	Range("A1").Value + Range("B1").Value	足し算
2			7	←	Range("A1").Value - Range("B1").Value	引き算
3			30	←	Range("A1").Value * Range("B1").Value	掛け算
4			3.33	←	Range("A1").Value / Range("B1").Value	割り算
5			1000	←	Range("A1").Value ^ Range("B1").Value	べき乗
6			3	←	Range("A1").Value ¥ Range("B1").Value	割り算の商を返す
7			1	←	Range("A1").Value Mod Range("B1").Value	割り算の余りを返す
8						

「確かに、割り算の商を返す『¥』と、割り算の余りを返す『Mod』は初見だけど、あとは数学と同じだね」

「そうね。だけど、今日のレッスンの最後にもう一度算術演算子が出てくるから、特に『¥演算子』は覚えておいてね」

「了解」

「よし、じゃあいよいよ『変数』のレッスンに入ろう」

「うん、お願い」

「昨日『ＶＢＡの基本構文その２』に触れたときに、**プロパティの値を右辺で取得して、それを左辺に代入する。そのためには左辺には入れ物が必要で、その入れ物の代表的なものが『変数』**だって話をしたわよね」

「そうだったね」

「要するに、**変数はマクロの実行中にデータを一時的に保管しておく箱**のようなものなの。それを踏まえて今から書くマクロを見て」（図5-02）

陽菜が用意してくれたのは随分とシンプルなマクロ

図5-02

```
Sub 変数の足し算()

    Dim x As Long        ―❶
    Dim y As Long        ―❶
    Dim z As Long        ―❶

    x = 10               ―❷
    y = 20               ―❷

    z = x + y            ―❸

    MsgBox "演算結果は" & z & "です"        ―❹

End Sub
```

だった。

「まず、このマクロの①の部分を見て」

「ＶＢＡの基本文法とはまた違ったステートメントだね」

「うん。実は、この①の部分で変数を用意しているの」

「ふーん」

「ちなみに、専門的には、変数を用意する、とは言わずに、『変数を定義する』、もしくは『変数を宣言する』と言うよ。とにかく、変数はこのように**Dimステートメント**で宣言するの。名前は自由に定義してもいいけど、『If』や『Sub』のようなＶＢＡのキーワードと重複するものは使っちゃ駄目だよ」

「わかった」

「あと、変数はこのように宣言しなくてもマクロの中で使えちゃうんだけど、このマクロのように**変数は絶対に宣言して使いなさい**」

なるほど。①では、「x」「y」「z」という名前で三つの変数を宣言しているわけか。変数は別に宣言しなくてもマクロ内で使えるらしいが、このように宣言したほうがマクロは断然わかりやすくなるな。

「そして、実際に、②③④で『x』『y』『z』を使っているわけだけど、それぞれのステートメントを見ていこう」

「了解」

「まず、繰り返しになるけど、変数とはマクロの実行中に使うことができる『収納箱』よ。そして、①のステートメントでその箱は用意したから、この箱にはなんらかのデータを収納することができるわ。実際に、②では、変数xには『10』、変数yには『20』という数値を代入しているのはわかるでしょ?」

これは容易に理解できた。「プロパティの値を取得する」構文を教わったときに、「=」を使って、右辺の値を左辺に代入するのがVBAの文法であることをすでに教わっている。

「そして、③では、xとyの値を加算してzに代入している。この結果、zの値は『30』になるから、④が実行されたときに『演算結果は30です』とメッセージボックスが表示されるってわけ。この④についてはあとで補足するわ」

「ヒナ。なにか、今日のレッスンは一気に難易度が下がったね。楽勝だね。ところで、変数の宣言のときに使っている『As Long』ってなに? これは難しいね」

「楽勝なのか、難しいのかどっちなのよ。まあ、あなたのそういう頓珍漢なところは嫌いじゃなくてよ、ユーイチロ」

「さーせん」

「これはね、**『変数のデータ型』**を定義してるんだよ」

「変数のデータ型?」

「くどいようだけど、変数はマクロの中で使うプロパティの値や演算結果などを一時的に保管しておく箱のようなものよ」

「本当にくどいね」

「ワレ、どたまかち割って脳みそチューチュー吸うたろか！」

「ヒナ。ひょっとして出身は関西?」

「違うわよ。ノルウェーよ」

「え！」

しかし、顎が外れて床まで落ちているボクに構わずに陽菜が続ける。

「なーんてね。それより、今度はその箱の種類や大きさについて考えてみましょう。たとえば、『衣類』を入れる箱があったとするわ。すると、その箱に『衣類』以外のものを入れることはできない。そんなことしたら、マクロの世界ではエラーが発生するの」

「…………」

「それと同様に、変数の場合は、『数値』を代入するための変数とか、『文字列』を代入するための変数というように、代入するものの種類をあらかじめ決めることができるの。そして、変数のこの種類のことを**『変数のデータ型』**と言うのよ」

「ちなみに、そのデータ型ってどれくらい種類があるの?」

陽菜は、一瞬考え込んでから口を開いた。

「とりあえず、小数点以下を必要としない整数なら『Long』を、小数点以下も必要なときは『Double』を、文字列のときには『String』を使う、と覚えておけばいいわ」

「その三種類を覚えておけばいいんだ」

「うん。それからもう一つ補足。実は、ＶＢＡには**『バリアント型』**という、どんなデータ型でも格納できてしまう魔法の箱のようなデータ型があるんだよね」

「それは、どうやって宣言するの?」

すると、陽菜はワードに向かった。(図5-03)

「このように、『As データ型』の部分を省略するとバリアント型になるよ」

「じゃあ、常にバリアント型を使えばいいいんじゃない? だって、魔法の箱でしょ」

「それは駄目。データ型を宣言するメリットは、たとえば、整数型の変数に文字列を代入するとエラーが発生するけど、そうやってエラーのない、かつ、読みやすいマクロを作れることとよ。バリアント型を使うということは、そのメリットを自ら捨てることなの。そんなことしてたら、いずれマクロが思うように動作しなくなってパニくるわよ」

陽菜は、バリアント型変数は使ってはいけない理由

図 5-03

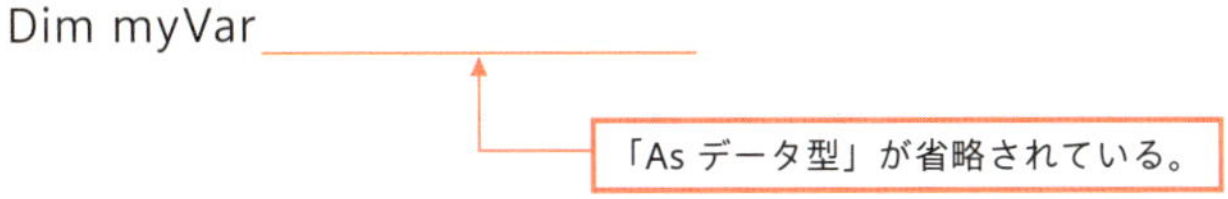

```
Dim myVar
```

「As データ型」が省略されている。

を強調すると、コーヒーを淹れにキッチンに向かった。

いつものように一人でコーヒーを飲んでいると陽菜が言った。

「じゃあ今度は、マクロの中に宣言していない変数があったらエラーが出るようになる方法を教えるわ」

「へえ。それは便利そうだね」

「その方法は、『Option Explicitステートメント』を使うことよ。モジュールの先頭に『Option Explicit』と書いておけば、マクロの中に宣言していない変数があったら、そのマクロを実行したときにエラーが出るよ」

「ふーん。でも、わざわざモジュールの先頭に毎回それを書くの、なんか面倒だね」

「それが、わざわざ自分で手入力する必要はないの」

「え?」

「まあ、見てて」

言って、陽菜はVBEの［ツール］メニューから［オ

図 5-04

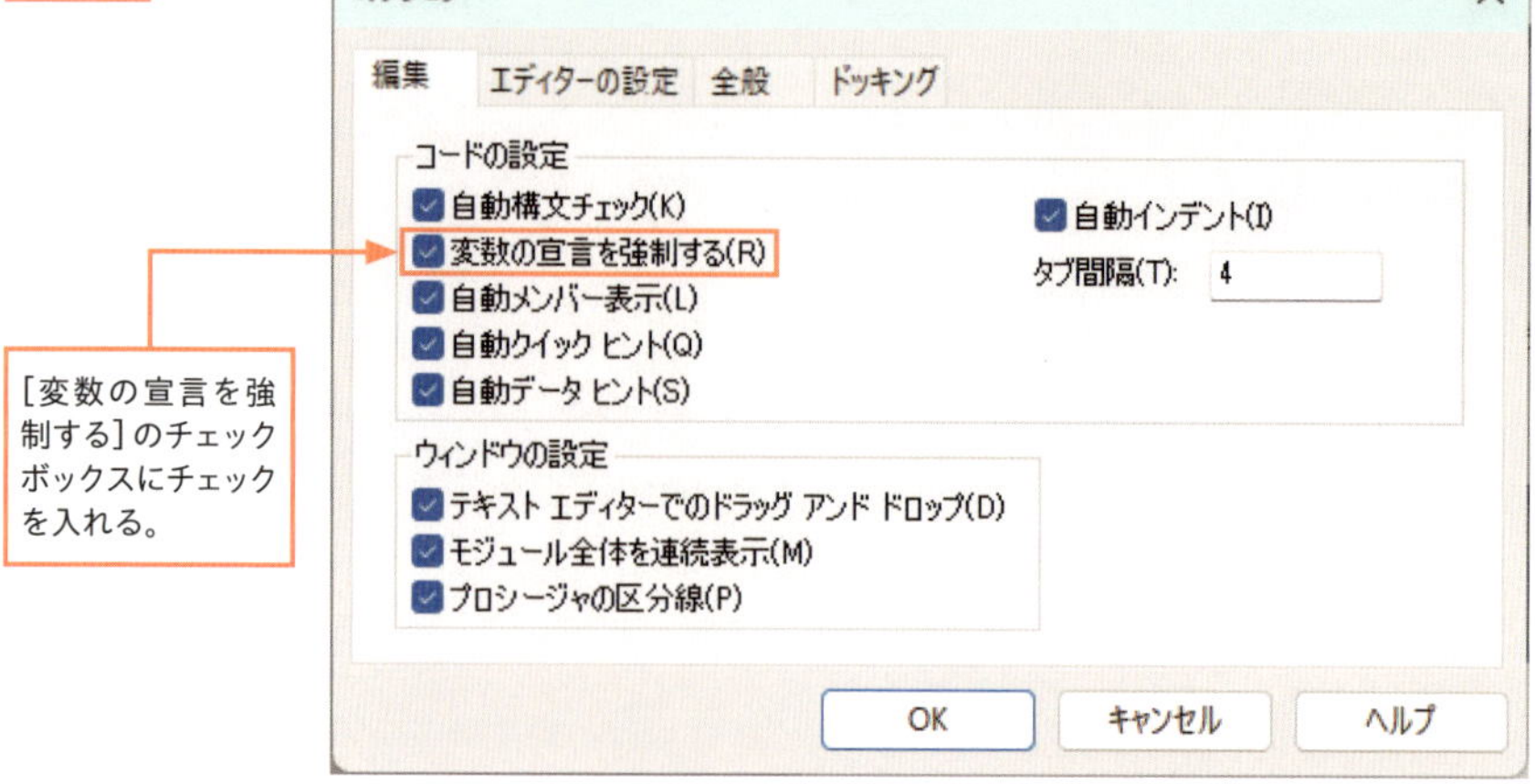

オプション

編集	エディターの設定	全般	ドッキング

コードの設定
- ☑ 自動構文チェック(K)
- ☑ 変数の宣言を強制する(R)
- ☑ 自動メンバー表示(L)
- ☑ 自動クイック ヒント(Q)
- ☑ 自動データ ヒント(S)
- ☑ 自動インデント(I)
- タブ間隔(T): 4

ウィンドウの設定
- ☑ テキスト エディターでのドラッグ アンド ドロップ(D)
- ☑ モジュール全体を連続表示(M)
- ☑ プロシージャの区分線(P)

OK　キャンセル　ヘルプ

［変数の宣言を強制する］のチェックボックスにチェックを入れる。

プション」コマンドを実行した。すると、［オプション］ダイアログボックスが表示された。

「そして、ここのチェックボックスをオンにするの」（図5-04）

ボクは黙って陽菜の操作を見守った。

「これで、標準モジュールを追加したときに、自動的に『Option Explicitステートメント』がモジュールの先頭に表示されるよ」

「本当に！　これは便利だね」

「でしょう？　じゃあ、変数は今後嫌でも使うし自然に覚えるから、今度は最初に話した算術演算子を思い出して」

24

ボクは、陽菜がワードに描いた図を見た（図5-01）。その図の画家が言う。

「じゃあ、割り算の商だけを求めているところを見て」

「セルのC6だね」

「で、そのマクロを書いてみて」

ボクは、言われるままにマクロを書いた。（図5-05）

「よしよし。今回のように商だけを求めたいときには『¥演算子』を使う。これはこれで正解なんだけど、このステートメントは実はこのように書くこともできるの」（図5-06）

「あれ？　俺のステートメントと微妙に違うね。『¥』じゃなくて『／』を使ってるけど、これだと小数点以下も含まれちゃうじゃん」

「ううん。小数点以下は含まれないよ。きちんと商だけが算出されるから。そのカギを握っているのがInt関数なの」

「Int関数？」

「そう。『Int(数値)』とすれば、その数値の小数点以下は切り捨てられるの。今回の例では、この『数値』の部分が『セルの値の割り算の結果』、すなわち『10÷3』で『3.33』だからセルC6の演算結果は『3』に

図5-05

```
Sub 割り算の商だけを求める
    Range("C6").Value = Range("A1").Value ¥ Range("B1").Value
End Sub
```

図5-06

```
Range("C6").Value = Int(Range("A1").Value / Range("B1").Value)
```

なるの」

「ＶＢＡにも関数があるの？」

「そうよ。関数がなければ複雑な計算や日付処理とかできないからプログラミング言語としては使い物にならないからね。そして、このInt関数こそが『ＶＢＡ関数』なの」

「へえー」

そこで、ボクはひらめいた。

「ひょっとして、四捨五入したかったらRound関数を使うの？」

「鋭いじゃない」

「いや。ワークシート関数の場合がそうだから」

「いいところついてるけど、なんでもかんでもワークシート関数とＶＢＡ関数で同じものを使うわけじゃないから気を付けて。たとえば、今日の日付を求めるワークシート関数はTODAY関数だけど、ＶＢＡでは『Date関数』を使うわ」

陽菜の説明に耳を傾けながらボクはコーヒーを口に含んだ。

「ちなみに、関数に指定する数値や文字列もメソッドのときと同じく『引数（ひきすう）』っていうの。すなわち、まとめると……」

「まとめると？」

「Int関数は、引数に指定された数値の小数点以下を切り捨てた値を返すＶＢＡ関数よ」

25

「このＶＢＡ関数っていくつくらいあるの？」

「１２０個以上あるよ」

「そんなに！　無理。無理ゲーです。覚えられません」

「うふふ。全部覚える必要なんてないわ。マクロを作りながら、必要なものだけ覚えていけばいいのよ。それに、アタシに言わせれば、エクセルのワークシート関数よりＶＢＡ関数のほうがはるかに簡単よ。それに、ユーイチロはすでに二つのＶＢＡ関数を体験してるんだよ」

「二つ？　まだ、Int関数だけだけど」

すると、陽菜は突然不機嫌さを隠せない様子で語気を荒げた。

「あー、ムカつく。あなた、MsgBoxは覚えてるよね。忘れたとは言わせないよ」


〈あ！　あのメッセージ……〉


「実は、MsgBoxもＶＢＡ関数なの」

「へえ。な、なんか、か、関数という感じがしないね」

ボクはしどろもどろになりながらもなぜそう感じるのかを考えてみた。あの日作ったステー

トメントはこれだった。(図5-07)
これは、関数なのに引数を「()」で囲んでないな。だから、関数という感じがしないんだ。
さすがにこのメッセージはもう見せられない。ボクは慌てて新しいメッセージを表示するマクロを作って尋ねた。
「ねえ。MsgBoxは関数なんだよね。この場合、引数をこんな具合に()で囲まなくていいの?」(図5-08)
「あら。素敵なメッセージじゃない。鈍いあなたもやっと気づいたのね、おほほ。でも、このケースでは引数を絶対に()で囲んではいけなくてよ。()で囲んでもそのマクロは動くけど、そんなの変態豚野郎がすることよ。さあ、ユーイチロ。ブーブーとお鳴きなさい」
「ブーブー……、っておいヒナ! また悪い癖出てるぞ。釣られちゃったじゃないか」
「あら、ごめんあそばせ。じゃあ、今からＶＢＡの神

図 5-07

```
MsgBox "まりんさん、愛しています"
```

図 5-08

```
MsgBox ("陽菜様はＶＢＡの、いえ、人類の女神です")
```

髄を教えるよ。確かに関数というのは通常は値を返すわ。Int関数なら、『小数点以下を切り捨てた値』を返す。ただし、ここが間違えやすいんだけど……」

「…………」

「関数だから引数を()で囲むんじゃないの。値を返すから引数を()で囲むの。今例に挙げたMsgBox関数は値を返さないから引数を()で囲んではいけないの」

ボクの背中に電流が走った。ボクは、陽菜のこの一言はとてつもない「至言」だと素人ながらに直感した。

陽菜が続けた。

「ということは……。ちょっとエクセル借りるわね」

そして、陽菜はさっと作業をした。

「このメッセージボックスを見て」（図5-09）

「この場合は、ユーザーが［OK］ボタンを押したら、MsgBox関数は『vbOK』、すなわち数値の『1』という値を返す。［キャンセル］ボタンなら『vbCancel』で数値の『2』という値を返す。このケースでは、**値**

図5-09

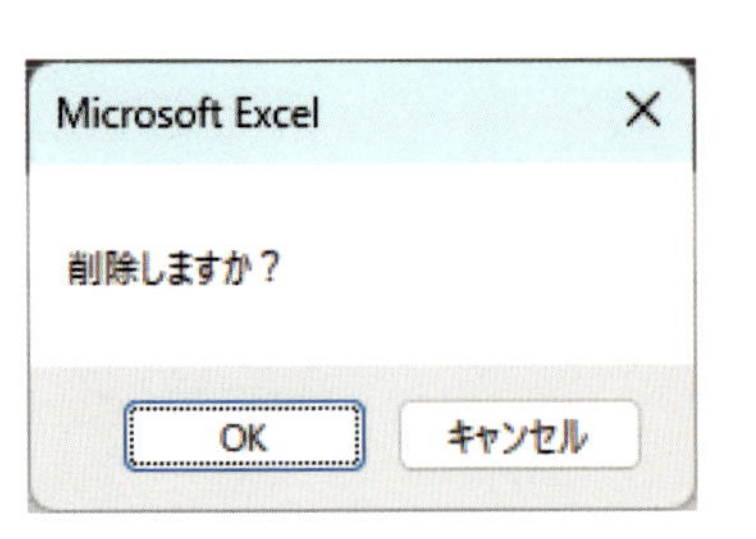

図5-10

```
Sub 削除確認()
    Dim x As Long
    x = MsgBox("削除しますか？ ", vbOKCancel)
End Sub
```

を返しているからMsgBox関数の引数は( )で囲まなければならないわ」

「ちょっと、このマクロを見せて」（図5-10）

確かに、MsgBox関数の引数を( )で囲んでいる。メッセージボックスに［OK］ボタンと［キャンセル］ボタンを表示しているのは、第二引数の『vbOKCancel』だな。

ボクは、陽菜はただものではないと確信した。そして、先ほどふざけてメッセージボックスのネタにしたあの単語が脳裏に浮かんだ。

〈VBAの女神か……〉

26

「じゃあ、今日の最後のレッスンに入ろうか。またMsgBox関数の話だけど、さっき変数の話をしたときに④のステートメントを保留したでしょう」

「これだね」（図5-11）

「実はここで使っている『&』も演算子なの」

「え？」

「正確には**『&（アンパサンド）演算子』**っていうんだけど、変数『z』には『30』って値が代入されてるよね」

「うん」

「だけど、数字だけを表示しても見た人にはなんのことかさっぱりわからないよね。そこで、変数『z』を挟むように、左右に文字列を表示してるってわけ」

陽菜は、次の三点がポイントだと言った。

文字列は「"」で囲まなければならない。

変数は「"」で囲んではいけない。

「&」の左右には半角のスペースを空けなければいけない。

「じゃあ、このマクロを実行してみて」

陽菜の合図で、ボクは［F5］キーを押した。（図5-12）

図 5-11

```
MsgBox "演算結果は" & z & "です"
```
– ④

「そして、この『&演算子』のことを『文字列連結演算子』っていうの」

「そのまんまだね」

「そうね。だけど、時々『＋』を文字列連結演算子だと思っている人もいるけどそれは大間違いよ。文字列連結演算子は『&』だけだから。『＋』はあくまでも数値を加算する算術演算子だから間違えないでね」

「うん」

「じゃあ、コーヒー、お代わり淹れてあげる」

27

ボクが二杯目のコーヒーを持ち上げているとき、陽菜は窓から外を覗いていた。雨はすっかり止んでいるようだった。

図 5-12

「何を見てるの?」

ボクの問いに、陽菜は珍しく慌てた様子を見せた。

「あ、別に。っていうか、たまたまここからハイアット・リージェンシーが見えちゃったから。別に他意はないよ」

「………」

「気を悪くしたなら謝る。ごめんなさい。本当に、ただ何気なく外を見たらハイアット・リージェンシーが……」

「ヒナ……。黒空とまりんさんがそこにいること、なぜ知ってる?」

「え? あなたが言ったんじゃない」

「うん。確かに俺はヒナに言った。二人は今夜、高級ホテルのカクテルバーでお酒だってね。だけど、俺はハイアット・リージェンシーとは一言も言ってない」

「へ、へえ。二人が今夜泊ってるホテルってハイアット・リージェンシーだったんだ」

「泊っているかどうかなんてわからないだろう! 酒飲んだら帰るかもしれないだろう!」

「そ、そうね。ごめんなさい。アタシの早とちりだったわ」

「いや、早とちりはどうでもいい。問題なのは、二人が今いる場所がハイアット・リージェンシーであることをヒナがなぜ知っているのかだ」

「………」

「そうか。無言を決め込むのか。わかった」

「ユ、ユーイチロ。明日は土曜日だけど多分雨よ。ＶＢＡのレッスン、どうする？」

「誰が週末までＶＢＡなんかやるかよ。いや、もうＶＢＡなんていいよ。今までありがとう」

陽菜はうつむいてこぶしを握っていた。泣くのを我慢しているのは明白だった。

ただ、今は陽菜を慰める言葉が見つからない。

思えば、最初からすべてが謎だらけだ。

古ぼけた一軒家に住む美しくも若い女性。

しかし、彼女には雨の日にしか会えない。

晴れた日の夜になんの仕事をしてるのか。おそらく外仕事だろう。

それなのに、なぜかＶＢＡには精通している。

そんな彼女が住む一軒家はノルウェーの木材で造られた特注品。

だが、家の中は生活感が相当に乏しい。

そしてなによりも、そこに住む彼女があまりにボクのことを知りすぎている。

混乱のあまり、自分が何者で、どこで何をしているのかさえわからなくなりそうだった。

それでも、かろうじて言葉が出てくれた。

「ごめん、ヒナ。ちょっと気が動転して。ただ、土日は休ませて。俺には平静を取り戻す時間が必要みたいだ」

陽菜は、下を向いたまま無言でうなづいた。

自宅への帰り道。また傘を陽菜の家に忘れたことすら気付かないほどボクはまだ混乱していたが、ふとある思いが去来した。

〈晴天の日はわからないけど、雨の日はいつもあの家に一人。陽菜はそれで孤独を感じないのか。もしかしたら、その寂しさを埋めてあげられるのは俺しかいないんじゃないか？　実際、本気か冗談かはともかく、ヒナがたびたび関係を迫ってきたとき俺は嫌な気はしなかった。むしろ、本心は喜んでいた。それはヒナが奇麗だからだけではない。こんな優しい人とならそんな気持ちがあったからだ。俺が本当に好きなのは……。まりんさん？　それともヒナ？　どっちなんだ……〉

そこまで黙考したとき、昨夜感じた気配が背中を支配した。

〈うん？　これは……、気のせいなんかじゃない〉

振り向くと人影が電信柱に消えた。

〈やっぱり誰かにつけられている。どうする？　問いただすか？　でも、ナイフで刺されでもしたら……〉

いつものボクなら気付いていないふりをしてそのまま歩を進めただろう。

だが、もはやこれ以上の謎には耐えられなかった。

ボクは電信柱に向かい、うしろをのぞいた。

そこには、五十代と思われる白人が立っていた。幸い、ナイフで切り付けてくるような様子もなく、とても温和な人に見えた。

「あなた、ひょっとして、ゆうべもボクの後をつけてませんでしたか？」

「すみません」

「謝罪は結構です。それよりあなた、誰なんですか？　ボクになんの用があるんですか？」

「私は……。江頭陽菜の父です」

「え⁉」

「娘のことが心配でつい……。本当に申し訳ありません」

男は深々と頭を下げた。

〈この人がヒナの父親……。どう見ても日本人には見えない。……。待てよ。ヒナは自分の出身をなんて言ってた？　そして、ヒナの家は……〉

また混乱の渦に引き込まれそうになったが、紳士の文字通り真摯な態度に幾分心がほだされた。父親が娘の心配をするのは当然だ。そこには毎夜毎夜、男が出入りしているのだから。

「頭を上げてください。むしろ、謝罪しなければならないのはボクです。ご心配をおかけしてしまって。ただ、安心してください。ボクと陽菜さんの間には何もありません。二人でコンピュータにまつわる勉強をしているだけです」

「そうですか」

陽菜の父は納得したような表情を見せたが、どこか愁(うれ)いを漂わせていた。

「それから、こんなことをお聞きするのも失礼かもしれませんが、日本語はお上手ですが外国の方のように見えるのですが」

「はい。私はノルウェー人です」

〈やっぱり。一つだけ謎が謎でなくなったぞ〉

「若い頃は日本で長く働いていたのですが、その後、母国のノルウェーに戻り、訳あって娘の陽菜と一緒に来日しました」

「今の陽菜さんの家は?」

「私が若い頃に住んでいた家です。元々は私の父が母国のノルウェーから木材を取り寄せて建てたんですが、しばらく誰も住んでいなかったものですから、あんなぼろ屋になってしまって」

〈また、謎が一つ解けたぞ。それでも、ヒナはまだまだ謎だらけなことに変わりはないけど……〉

「本当にご心配をおかけしてしまい申し訳ありません。もし陽菜さんのことが気にかかるようでしたら、次回からはお父様もご一緒しませんか。何もやましいことはしていないとおわかりいただけると思います」

「いえいえ。二人の時間を邪魔するつもりはありません。陽菜はあのとおりおてんばですが、これからも仲良くしてあげてください」

「とんでもありません。陽菜さんによくしていただいているのはむしろボクのほうです。……。あ、一つ、変なことをお聞きしますが、江頭さんはコーヒーはお好きですか?」

「え? ちょっと質問の意図がわかりませんが、はい、私はコーヒーには目がなくて、インスタントコーヒーでは満足できない性質(たち)でして」

咄嗟に陽菜の言葉が脳内でリピートされた。

――まあ、お客さん用ね。人が来たときにコーヒーも出さないじゃつまらないでしょう。だから、カップも一つしかないよ――

黙考していたボクに父は深々と頭を下げて去って行った。ボクも腰を曲げて彼を見送った。この彼との出会いが、思わぬ形でボクを発奮させる起爆剤になるなど予想だにせずに。

第6章

恋の成立条件、そして、条件分岐とループ

28

週末は陽菜の家には行かずに頭の休息に努めた。否（いな）、陽菜を取り巻く多くの謎がオーバーフローしてとてもＶＢＡどころではなかったというのが真実だ。また、喜多山まりんと黒空酷斗がハイアット・リージェンシーでベッドを共にしている光景が脳裏をよぎり、そんなはずはないと自身の疑念と葛藤していた。それ以上に、陽菜とまりんに関して自分の気持ちがわからなくなっていた。もっとも、週末は晴天だったので、いずれにしても陽菜は仕事で不在だっただろう。

そして月曜日、複雑な気持ちを拭い切れないままに出社した。

時々、向かいのまりんに気を取られながらも、黙々とデスクワークをこなしていたら黒空の声がした。

「どうぞ。こちらです」

見ると、黒空が応接室のドアを開けて二人の男性を招き入れようとしている。黒空が新規開拓したファミレスの人間に違いなかった。

彼らが室内に姿を消すと、黒空がその方向に言葉を放った。

「すぐに部下に飲み物を用意させますので」

そして、ドアを閉めると黒空がボクのところにやって来た。

「おい、佐々木。お茶、二名分、応接室に」

「は？　ちょっと待てよ。俺がいつきみの部下になったんだ」

「つべこべ言わずに急げよ」

言い放つと、黒空はきびすを返して応接室に向かった。

瞬時にして、頭の血管に熱湯が流れた。

すると、まりんが席を立ち、給湯室に向かう姿が見えた。当然、黒空の来客のためにお茶を淹れに行くのだろう。

しばし、まりんを飲み込んだ給湯室のドアを見ていたが、黒空の無礼な態度はともかく、お茶を用意するように言われたのはボクだ。まりんにそんな雑用をさせるわけにはいかない。いや、まりんに黒空のサポートなどして欲しくなかった。そちらのほうがつらい。そうでなくても、二人は土曜日の朝を共に迎えた可能性があるのだ。

ボクが給湯室に入ると、まりんが笑顔を見せてくれた。

「ちょうど、お茶の用意ができたわ」

湯呑みの蓋に手をかけながらまりんが言った。

「じゃあ、ボクが持っていくから」

「でも……」

「頼まれたのはボクだから」

「……。佐々木君」

「はい?」

「頑張ってね。大丈夫、佐々木君ならできるから。私、信じてるから」

「そりゃあ、お客様にお茶を出すくらいのことは……」

「そうじゃなくて、白雲部長に言われた業務改善のほう」

「ああ。ありがとう。頑張るよ」

ボクのその一言で、まりんの薄い唇が美しい三日月を描いた。彼女の、どこまでも美麗な顔、慈愛に満ちた瞳を見ていたら、まりんと黒空のあられもない姿を想像していた自分が気恥ずかしくなった。

「さあ、とにかく喜多山さんは席に戻って。あとはボクがやるから。お茶の準備、ありがとう」

「そう。じゃあ、あとはお願いね」

ボクは、まりんの後ろ姿を目で追いながらお盆を手にした。そして、応接室で二人の客人に湯呑みを出して席に戻った。


三十分後のことであった。取引先を送り届けた黒空が、猛然とボクの席に向かってきた。彼は、胸ぐらをつかんでボクを起立させると、次の瞬間、ボクの左頬に強烈なパンチを見舞った。ボクは、目の前に閃光が舞い、一瞬意識が薄らぎ、そのまま尻もちをついた。「きゃあ」というまりんの悲鳴が遠くで聞こえた。

「佐々木!　貴様、なにやってんだ!」

反論できなかったのは、黒空の剣幕に気圧されていたからではない。頬骨が骨折したかのような痛みに抗うので精一杯だったからだ。

「貴様、自分が一社も契約できないからって、俺の取引の邪魔をするなんて、本当に最低な奴だな。ほら、立てよ。もう一発お見舞いしてやる」

ボクは、床に尻をつけたまま、かろうじて反論の言葉を吐き出した。

「いつ、俺が邪魔をした」

「は? さっきの湯呑みはなんだ!」

「湯呑み?」

「中が空っぽだったじゃないか! 俺がどれだけ恥をかいたかわかるか?」

「空っぽ! いや、お茶の準備はできて……」

そこで言葉が詰まった。そうか。まりんは蓋を開けて急須からお茶を入れようとしていたのか。お茶の準備ができたというのは、急須のほうの話だったんだ。

すると、まりんがボクたちのところに駆け寄ってきた。

「ちょっと待って、酷斗君」

「まりんは関係ない。引っ込んでてくれ」

「違うの。私が佐々木君に紛らわしいことを言っちゃったの。お茶の準備はできてるって」

「そんなの理由にならない。お盆を持てば重さでわかるだろう」

黒空の言うとおりだった。しかし、まりんと黒空のベールに包まれた金曜日の夜のことに気を取られ、はっきり言ってしまえば、黒空の客人に出すお茶のことなどどうでもよかった。まったくそこまで意識が回らなかった。

「土下座しろよ」

上から黒空の声がした。

「ちょっと酷斗君。それはあんまりだわ。そもそも、あなたが佐々木君を部下扱いしたことが原因なんじゃないの？　お茶くらい自分で淹れなさいよ」

胸中が屈辱で満たされた。二つのこぶしが震えた。だが、ボクのために猛然と反論してくれているまりんにこれ以上迷惑をかけたくなかった。まりんに怒った顔は似合わない。

「ありがとう、喜多山さん。でも、黒空の言うとおりだよ。今回の件は、百パーセント、ボクのミスだ」

そして、ボクは黒空の靴を舐めんばかりの姿勢で土下座の準備に入った。

「ダメ！　佐々木君。絶対に土下座なんかしちゃ。佐々木君が土下座するなら、私もするわ」

まりんのこの一言は、黒空の想定外だったようだ。

「ちょ、ちょっと。なにを言い出すんだ、まりん。まりんに土下座なんてさせられるわけないだろう」

「でも、佐々木君にはそんな尊厳を踏みにじる行為を強要できるのよね？　酷斗君。あなた、最低ね」

「あー、わかったよ。とにかく、これからは気を付けろよ、佐々木」

「気を付けるのは酷斗君じゃないの？　さっき言ったように、お茶くらい自分で淹れなさいよ。私たちには部下はいないんだから」

「ちぇ。あー、しらけた、しらけた」

黒空は、捨てゼリフを残して自分の席に向かった。

「佐々木君、大丈夫？　ちょっと待ってて」

まりんはそう言うと、給湯室に駆け込んで、一分もしないうちに戻って来た。そして、水に濡らしたハンカチをボクの左頬に当ててくれた。

「ありがとう、喜多山さん。それよりも、喜多山さんまで巻き込んじゃって……」

「気にしないで」

見ると、まりんは至近距離でボクを直視していた。彼女の瞳の中の男は、半べそをかいていた。

29

「てなことが、今日、会社であったんだよ。だから俺、ＶＢＡはやっぱりやめて、営業でもう一度頑張ろうかなーって」

その日もまた交差点で雨が降り始めた。慌ててコンビニに向かうと、陽菜が手招きしている様子が見えた。謎がなくなったわけではないが、それ以上に二日ぶりに見る陽菜の姿に安堵している自分がいた。傘を買って玄関を開けると「ユーイチロ。あなた何本アタシの家に傘を持って来るの。このシンプル・イズ・ベストのノルウェーの材木の我が家を傘で埋め尽くす気?」と陽菜の声が響いた。そんな陽菜の笑顔が眩しかった。

その陽菜がいつものようにボクのためにコーヒーを淹れてくれて、居間のソファーでボクの愚痴を無言で聞いていたので続けた。

「ほら。VBAってやっぱり裏方業務じゃん。だから同期にまでなめられちゃうんだよ。俺、黒空の奴を見返してスカッとしたいんだよね」

「ふーん。じゃあもうここに来る必要はないね。家でパワーポイントの勉強でもしたら?」

「パワーポイント?」

「だってそうでしょう。スポットライトを浴びる中、みんなの前で格好良くプレゼンを決めて、スタンディングオベーションに手を振って応える。人生はそうあるべきで、それ以外の人生はクズだって言われたら、残念だけどアタシがしてやれることは何もないわ」

「いや、そこまで言ってないよ……。ただ、裏方は……」

陽菜はボクの前にあるコーヒーを黙って見つめていた。これまでになかった静寂が鉛のように重くなり、居心地の悪さを感じ始めたときに陽菜が言葉を放った。

「たとえ裏方でも、精一杯頑張っていれば、必ず見てくれている人はいる」

「え?」

「そして、その努力は必ず報われる。スタンディングオベーションという華やかな形ではないかもしれないけど、たとえ一人でも誰かに認められるという体験は一生の宝になるはずよ。それこそ、棺桶に持って行きたいほどのね」

「…………」

「ごめん。人生で何も成し遂げたことがない、いえ、何一つ継続すらできないあなたに言っても意味がわからない話をしちゃったね。それよりも、ユーイチロがそこまでのバカだとは思わなかったよ。アタシはむしろ、そっちに幻滅したわ」

この一言には、さすがにボクも震えるほどの怒りを覚えた。

「ちょっと何言ってるかわかんないんだけど。前半じゃなくて後半。俺がバカって部分」

「だってそうでしょ。すでに、あなたの頑張りを見て、あなたに期待している人がいるのに、その幸せに気付けないほどの愚か者はいないと思うけど」

〈俺に期待している人間……。そんな人がいるのか？　ヒナか？　……。いや、ひょっとしたら……まりんさんか？　ヒナはどちらを指して言ったんだ？　でも、「たとえ裏方でも、精一杯頑張っていれば、必ず見てくれている人はいる」か。まったく、ヒナにはかなわないな。そんなこと言われたらやり切るしかないじゃないか〉

「ヒナ、ごめん。俺、どうかしてたよ。気に障ったのなら謝るよ」

「…………」

「だから、引き続きＶＢＡを教えて。俺だって、何かを継続したい。そして誰かの役に立ちたい。観衆の前でスポットライトは浴びられなくても、俺の人生を照らしてくれるのは間違いなくＶＢＡだよ」

言って、ボクは柄にもなく深々と頭を下げた。

「頭を下げるのはまだ早いよ。お礼は、ＶＢＡをマスターしたあとでいいわ」

「ということは……」

「今日のレッスンは『実行制御』よ。準備はいい？」

「うん！　ヒナ、ありがとう！」

30

「ということで、ユーイチロ。今日のレッスンは二つよ。一つ目は、『条件分岐』」

「条件分岐？」

「うん。条件分岐はある意味マクロの最大の醍醐味ね。もちろん、マクロ記録では絶対に作れないわ」

「それは一体……」

「文字通り、条件によって処理を分岐することよ。日常生活で言うと、もし給料日前だったらすき家の牛丼の並を食べて、もしボーナス後だったら一人焼肉を食べる。このように『状況に応じて処理を選択する』ことを条件分岐って言うの。すなわち、こういうことね。（図6-01）ちょっとワードを貸して」

陽菜がボクのノートパソコンに向かう。

「条件分岐を行うときには、このように**『Ifステートメント』**を使うの。わかりやすい例を挙げてみようか。たとえば、『もし、セルA1とセルB1の値が同じだったらメッセージボックスを表示する』という条件分岐はこうなるわね」（図6-02）

これは、一行目の「Range("A1").Value = Range("B1").Value」のところが「条件式」か。

そして、二行目のMsgBox関数のところが「処理」

図6-01

```
If 条件式 Then
   処理
End If
```

図6-02

```
If Range("A1").Value = Range("B1").Value Then
   MsgBox "セルA1とセルB1の値は同じです"
End If
```

だな。

　要するに、「条件式」が満たされたら「処理」を実行し、そうでなければ何も処理は行われないわけか。

　確かに、これならセルA1とセルB1の値が同じだったらメッセージボックスが表示されるな。

「ユーイチロは無意識のうちに気付いてるみたいだけど、この条件式で使っている『=』は、これまでずっと使ってきたように、『右辺の値を左辺に代入する』ものじゃないよ。この『=』は、**『左辺と右辺が同じかどうかを比較するもの』**。要するに、『1+2=3』の『=』とまったく同じものよ」

「じゃあ、『もし、セルA1がセルB1の値より大きかったらメッセージボックスを表示する』という条件分岐はこうなるの？」（図6-03）

　陽菜は、満足そうに首を縦に振ると言った。

「こうやって、左辺と右辺を比較する演算子を**『比較演算子』**っていうの」

図6-03

```
If Range("A1").Value > Range("B1").Value Then
    MsgBox "セルA1はセルB1の値より大きいです"
End If
```

「ふーん。ちなみに、その『比較演算子』にはどういうものがあるの？」
「それは、この六個よ」（図6-04）
言ってヒナは笑顔を作ると、「もう少し補足するね」とワードと格闘し始めた。思いのほか時間を要している様子だったのでボクはコーヒーを飲むことに専念していたが、カップが空になったときにようやく陽菜が高い声を発した。
「よし、できた。じゃあ、Ifステートメントをもう少しきちんと解説しよう」（図6-05・図6-06）
「このように、ElseIfを使うと条件の数を無制限に増やすことができるの。そして、上から順に条件判断をして、一致した時点で処理が実行されるのよ」
「へえ」
「ただし、対象がいずれの条件にも該当しないという状況も当然考えられる。こうした場合には、構文の最

図6-04

比較演算子	例	意味
=	If Range(“A1”).Value = 100 Then ...	100と等しければ
>	If Range(“A1”).Value > 100 Then ...	100より大きければ
<	If Range(“A1”).Value < 100 Then ...	100より小さければ
>=	If Range(“A1”).Value >= 100 Then ...	100以上ならば
<=	If Range(“A1”).Value <= 100 Then ...	100以下ならば
<>	If Range(“A1”).Value <> 100 Then ...	100でなければ

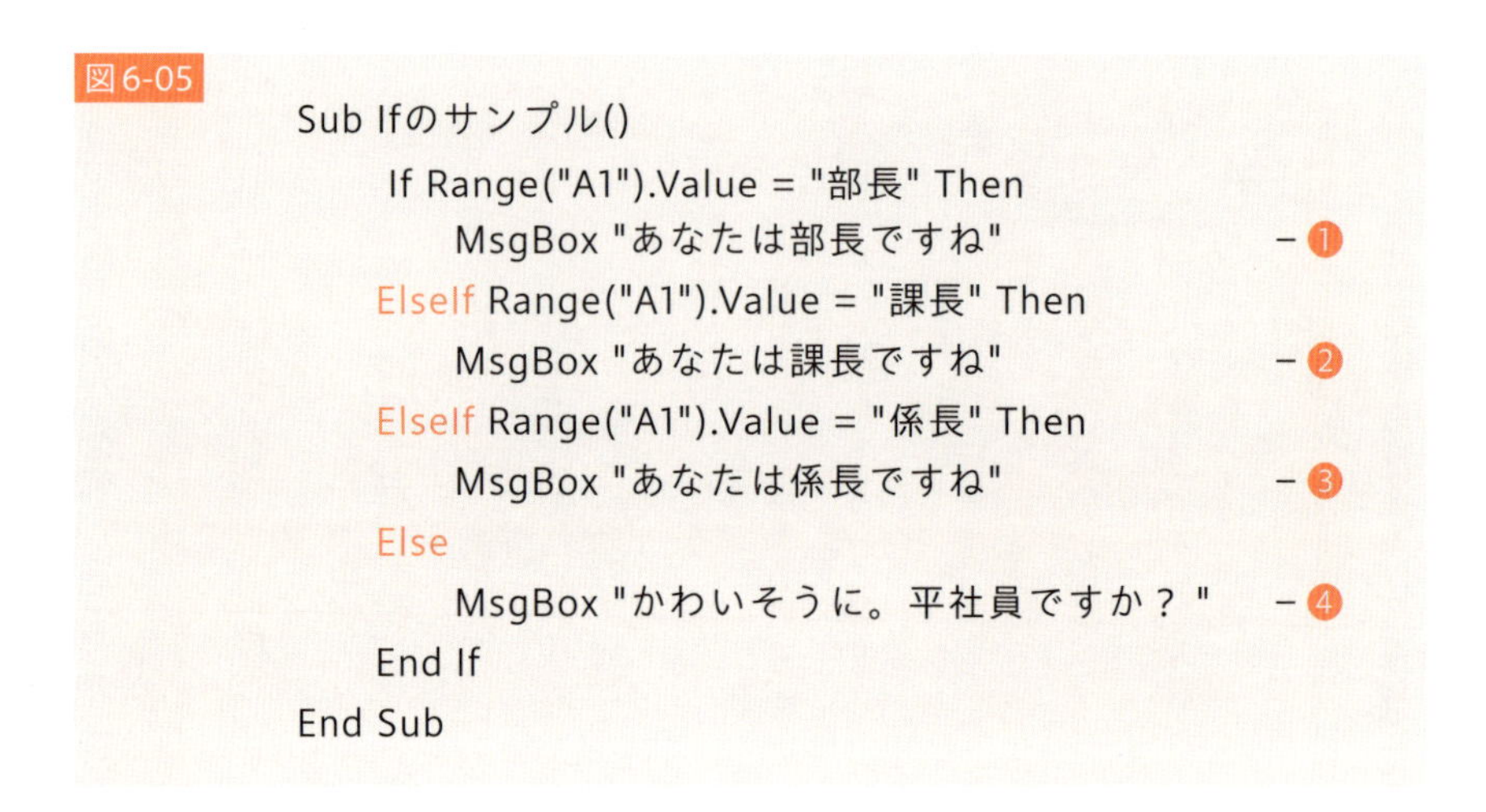

図6-05

```
Sub Ifのサンプル()
    If Range("A1").Value = "部長" Then
        MsgBox "あなたは部長ですね"                   －❶
    ElseIf Range("A1").Value = "課長" Then
        MsgBox "あなたは課長ですね"                   －❷
    ElseIf Range("A1").Value = "係長" Then
        MsgBox "あなたは係長ですね"                   －❸
    Else
        MsgBox "かわいそうに。平社員ですか？ "        －❹
    End If
End Sub
```

図6-06

後にElseを記述して、そこでしかるべき処理を実行するってわけ」

なるほど。このマクロ「Ifのサンプル」では、セルA1の値が「部長」でも「課長」でも「係長」でもないときには、Elseで「かわいそうに。平社員ですか?」とメッセージボックスを表示しているわけか。

それにしても、陽菜はもう少しまともなサンプルを思い付かなかったのか。思わずボクは苦笑した。

「最後のElseは、必要なときだけ記述すればいいよ」

「ありがとう。バッチリ理解できたよ。もはや完全無敵だね」

「完全無敵? じゃあ、こんなステートメントも作れるわけね」

「こんなってどんな?」

「もし、セルA1が空白だったら処理を行う」

え? 確かに、今後、セルが空白だったら何かしらの処理を行う。そんなマクロを作らなければならないケースは多そうだ。しかし……、わからない……。

「その場合には、こう書けばいいの」(図6-07)

「Valueプロパティが長さゼロの文字列、すなわち『""』だったら、そのセルは空白ということね」

「じゃあ、セルの値を空白にする。すなわち、セルの値をクリアするときにはこう書けばいいの?」(図6-08)

「大正解！」

31

「さあて、じゃあ今日二つ目のレッスンよ。今度もまた、マクロの最大の醍醐味、『繰り返し処理』。専門用語では『ループ』というわ」

「ループって、別に専門用語じゃないよね。日常的に使うじゃん。同じ処理を何度も繰り返すことじゃない」

「そう。じゃあ話は早そうね。といっても、ループの前に覚えておかなければいけないことがあるわ。これは復習になるけど、セルってなにオブジェクトだっけ？」

「何を今さら。Rangeオブジェクトでしょう」

「じゃあ、セルC5に『ヒナ、素敵』って入力するときにはどんなステートメントを書く？」

図 6-07

```
If Range("A1").Value = "" Then
    MsgBox "空白です"
Else
    MsgBox "空白ではありません"
End If
```

図 6-08

```
Range("A1").Value = ""
```

「何、そのステートメント。それはこうでしょ」（図6-09）

「そうね。だけど、今後ループの中でセルを操作する機会が山ほど出てくるけど、その場合にはRangeではなくて『Cells』を使用するケースが頻出するわ。ちなみに、今のステートメントをCellsで書くとこうなるわ」（図6-10）

ボクは思わず声が漏れた。

「へえ、こんな書き方もできるんだ」

「うん。もしくはこうね」（図6-11）

陽菜はステートメントをもう一つ例示すると言った。

「このように、Cellsを使う場合には、『Cells(行, 列)』の形式で表記するの。これは、Rangeとは逆の表記になるから要注意ね」（図6-12）

「うーん。Cellsについてはわかったけど、それ必要なくない？　Rangeだけ使えれば十分だと思うんだけ

図 6-09

```
Range("C5").Value = "ヒナ、素敵"
```

図 6-10

```
Cells(5, 3).Value = "ヒナ、素敵"
```

図 6-11

```
Cells(5, "C").Value = "ヒナ、素敵"
```

ど」

「最初は誰でもそう思うわ。ところが、ループの世界に足を踏み入れるとそうも言ってられなくなるの。VBAでは、同じ処理を指定した回数だけ繰り返すときには、**For...Nextステートメント**を使うんだけど……」

「具体的には?」

「このマクロは、セルA1からA10に『○回目です』って値を入力するものよ」(図6-13)

「For...Nextステートメントには、ループ回数をカウントするための**『カウンタ変数』**が不可欠よ。そこで、①で『i』という名前でカウンタ変数を定義しているわ。カウンタ変数は整数だから、『As Long』で定義しているの」

「ふむ」

「そして、②のステートメントで、ループ回数を1から10まで十回に指定している」

「なるほど」

図 6-12

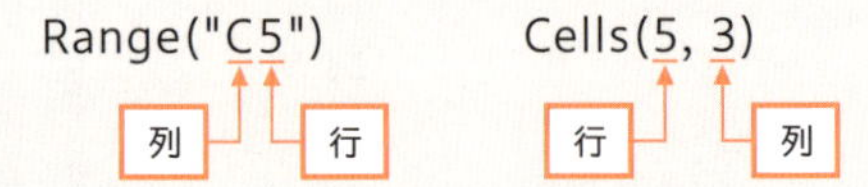

Range("C5")　　Cells(5, 3)

列　行　　行　列

図 6-13

```
Sub ForNextのサンプル()
    Dim i As Long                              ―❶
    For i = 1 To 10                            ―❷
        Cells(i, "A").Value = i & "回目です"    ―❸
    Next i                                     ―❹
End Sub
```

「慣れれば簡単だけど一番難しいのは③のステートメントね。ここではカウンタ変数を使って値を入力するセルをセルA1、セルA2とループのたびに下にずらしてるわ」

「そういうことか」

「そして、最後の④のステートメント。このNextステートメントによってカウンタ変数は1つ加算されて、再び②のループに入るの」

なるほど。カウンタ変数の「i」が一ずつ増えていくなら、値が入力されるセルも一ずつ下にずれていくわけか。

「ねえ、ヒナ。このマクロ、実行してもいい？」

そう尋ねたが、陽菜の返事を待たずにマクロを実行してしまった。(図6-14)

「へえ。こんなことができるのか。やっぱりVBAは凄いね」

「そうね。それに、一見無用だと思った『Cells』がループ処理と相性がいいこともわかったでしょう？　厳密

図 6-14

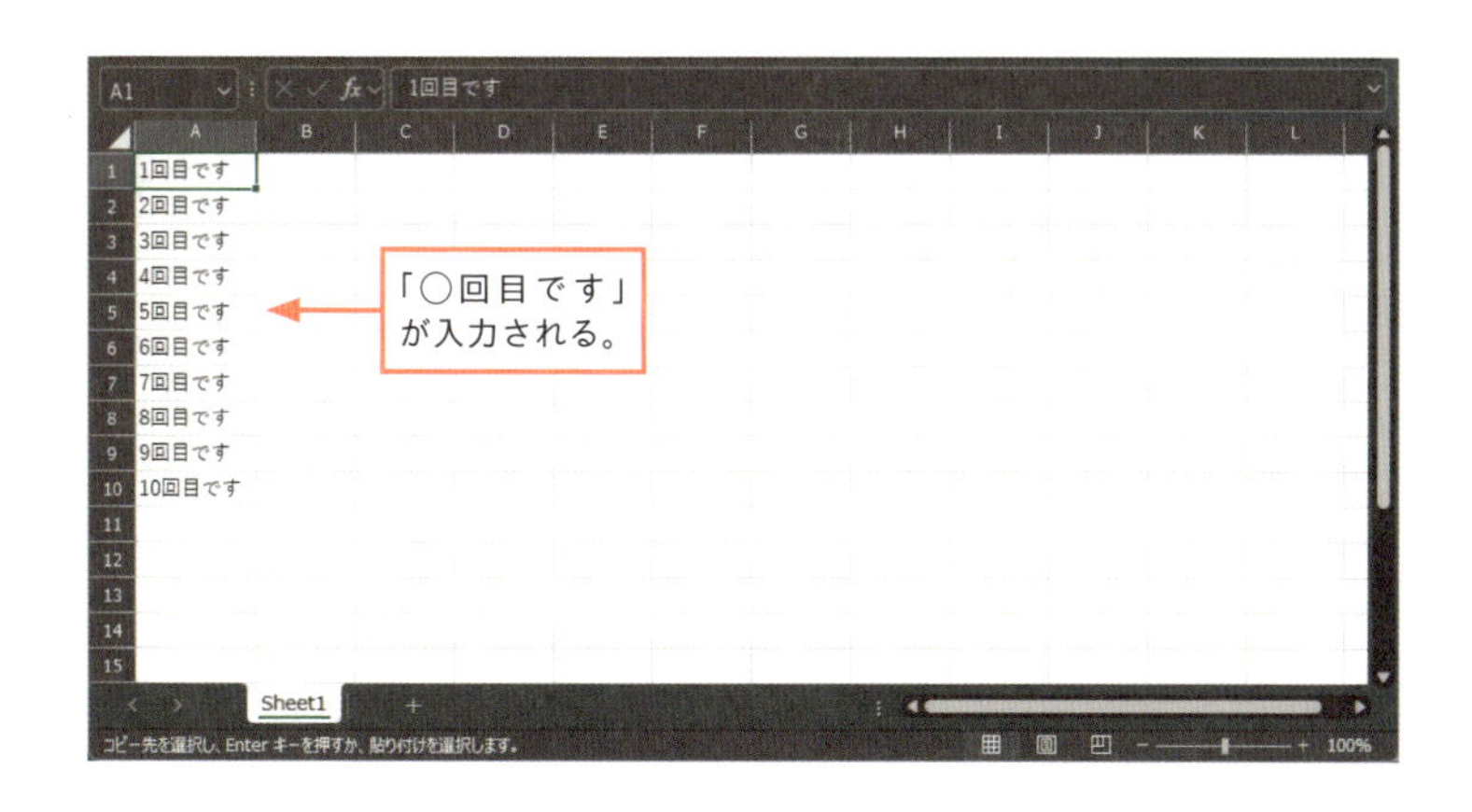

には、『Cells』は変数と一緒に使うと威力を発揮するの」

「なるほど。ＶＢＡではこうやってループを実行してるのか」

その後、ボクはループの回数を変えたりしながら、夢中になってFor...Nextステートメントを体験した。陽菜の言うとおり、これぞマクロの最大の醍醐味だと感じた。

「条件分岐と繰り返し」。これだ。これができるからＶＢＡは凄いんだ。

「ヒナ。なんか俺、一夜にして一流プログラマーになった気分だよ」

陽菜に向かって声を発したとき、彼女は慈愛に満ちた微笑でボクを見ていた。その瞬間、ボクの背中に電流が走った。


〈ヒナ……。彼女こそＶＢＡの女神。いや、俺の女神だ〉


感情が高ぶり、ボクは思わず陽菜を抱き寄せようとしたが……。

「ごめん」

二人の言葉が一致した。陽菜はそのまま下を向き、部屋が重たい雰囲気に包まれたので、ボクは言葉を手繰り寄せた。

「ヒナ、本当にごめん。ただ、俺、混乱してしまって」

「何を?」

うつむいたまま陽菜が問う。

「俺って、同時に二人の女性を好きになる。そんな節操のない男だったのかと」

「同時に二人？」

「うん。まりんさんと……」

「その先は言わないで。それに、ユーイチロは同時に二人を好きになるような人じゃないよ。って、普通はそうでしょう。愛することができるのは一人。もし、同時に二人が好きなんて言うなら、それは本当はどちらも愛していないってことね」


〈そう言われても。じゃあ、今の俺のこの感情はどう説明するんだ〉


部屋の空気がより一層重たくなり、コーヒーのお代わりでこの雰囲気を払拭したいところだったが、陽菜の横顔を見て大切な話をし忘れていることに気付いた。本来なら真っ先にその話をするつもりだったが、日中の会社での出来事が強烈過ぎて完全に失念していた。

「そういえばヒナ。先週の金曜日の夜、ここから帰る途中でヒナのお父さんに会ったよ」

「え！　パパと！」

「うん。毎晩男が出入りしてるから、お父さん、心配してたみたい。だけど、事情を話したらわかってもらえたよ」

「…………」

「それより驚いたのは、お父さん、ノルウェー人なんだね。ってことはヒナはミックスか。ヒナが透き通るように色が白いことも納得がいったよ。あと、この家がノルウェー産だってこともね。ちなみに、ヒナのお母さんはどこに住んでるの？」

陽菜はしばらく沈黙を保っていたが、誰が見てもわかる作り笑いのまま口を開いた。

「ママの話はいいよ。それより、アタシのパパの驚く話をしてあげるよ」

「何？」

「実は、アタシのパパ、ヨビト商事の創業メンバーなんだ。って、社長じゃなかったけど」

「え！」

「創業メンバーはたったの四人。だから『よんびと』でヨビト商事って名付けたんだって」

ヒナのお父さんがヨビト商事の創業メンバー……。そう言えば「若い頃は日本で長く働いていた」と言っていた。なんて世間は狭いんだ。

「でね、パパもヨビト商事の営業だったんだけど、なにせたった四人の零細企業。随分色々とあったらしいわ」

「その話、聞かせて」

その後、ボクは陽菜の話に没入した。

陽菜の話はボクの想像を遥かに超えるものだった。目頭が熱くなった。そして、涙腺を固く締めるのも限界に達した頃に陽菜が締めた。

「ということで、めでたしめでたし」

「す、凄いな……。ヒナのお父さんは」

「ユーイチロ。あなたはパパの後輩なの。だから頑張って欲しい。負けないで欲しい」

「ああ。頑張るよ。負けないよ。ヒナのお父さんに恥をかかせないようにＶＢＡで会社に貢献するよ」

ボクが力を込めて答えると陽菜は笑顔で応じてくれた。しかし、陽菜のそれはどことなく儚(はかな)く感じた。

ボクは混乱の中、また傘を忘れて帰路についた。

第7章

ヒナの告白、そして、イベントマクロとコントロール

32

翌日の火曜日、ボクは課長の小野寺綾子(おのでらあやこ)の元に出向いていた。実は、天下のヨビト商事といえども契約に手こずっていた外食チェーンはいくつかあった。部長の白雲自らが出向いても首を縦に振らない「難攻不落」と呼ばれている企業もある。

もちろん、今ボクがやるべきことはＶＢＡをマスターして業務改善を実現することだ。しかし、業務改善への取り組みを通じて営業のみならず、裏方業務の改善など企業全体のあり方を見直し、利益だけでなく「企業の温かみ」を最大化する。ＶＢＡにはそんなポテンシャルがあるのではないかと考えた。

もっとも、この考えは明白にボクの勇み足で、昨日条件分岐とループを覚えて自分が一流プログラマーに近づけたとの勘違いが根底にあったのは明白だった。どうやらボクは、自分で思っている以上に楽天家のようだ。否、もしかしたらヨビト商事の創業メンバー、すなわち陽菜のお父さんの逸話を聞いたことで血潮が高ぶったのかもしれない。

そんな経緯もあって、ボクは「難攻不落」の会社の名刺を共有させて欲しいと小野寺課長に直談判した。小野寺は一瞬怪訝な表情を見せたが、名刺を「無能な給料泥棒」に見せたところで豚に真珠である。ボクが何をできるわけでもなく、言い換えれば悪用される心配もなく、小野寺は深慮もせずに快くボクの申し出を受諾してくれた。

33

その日の夜、またボクは陽菜の自宅の玄関を開けた。

「ユーイチロ。あなた、その傘何本目よ。っていうか、もはや目の前のコンビニの太客じゃない」

「いや、ヒナ、雨女だろう。あの交差点に来るとなぜか必ず雨が降るんだよ」

「誰が雨女よ。って、そこまで学習してどうしてアタシの家に傘を置いて帰るの。まあ、いいわ。今日もレッスンが二つあるから。さあ上がって。まずはコーヒー淹れるわね」

ボクは、ソファーに座ってノートパソコンを開き、エクセルを起動して陽菜を待っていた。

「お待たせ」

陽菜がボクの前にコーヒーを置いてボクの横に座った。レッスンの準備は整った。

「さて、今日のレッスンだけど、さっきも言ったけど二つあるんだけど、どちらも基礎的なことしか教えることはできないから、まずはそれを承知して」

「どうして? 今日一日で教えきれないなら明日も明後日も来るよ。どうせ雨が降るだろうし」

「……。とにかく、基礎を叩きこむからしっかり覚えて」

ボクは陽菜の歯切れの悪さに訝(いぶか)しんだが、黙って首肯した。

「じゃあ一つ目のレッスンだけど、普通のマクロはユーザーがワークシート上の［フォームコントロール」のボタンをクリックしたりして実行するよね」

「そうだね」

「だけど、エクセルのＶＢＡでは、『セルをダブルクリックする』とか『ブックを開く』といった特定のユーザー操作に反応してマクロを実行させることができるの」

「へえ」

「そうした『特定のユーザー操作』のことを**『イベント』**と呼ぶわ」

「イベント？」

「そう。そして、このイベント発生時に自動実行されるように開発されたマクロのことを**『イベントマクロ』**と呼ぶの」

「そのイベントマクロが今日の最初のレッスンか」

「じゃあ、そのイベントマクロを実際に見てもらったほうが早そうね。ちょっとエクセルを借りるわよ」

言って、陽菜はエクセルに向かって作業を始めた。

34

「よし、できた。じゃあ、ユーイチロはアタシの言うとおりに操作して」

「了解」

そしてボクは、陽菜の言うとおり、まず、［ファイル］ー［開く］コマンドで、［ファイルを開く］ダイアログボックスを表示し、「Megami」フォルダをカレントフォルダにして、［7章-1.xlsm］を開いた。（図7-01）

すると、驚いたことに、まずメッセージボックスが表示され、［OK］ボタンをクリックすると同じ「Megami」フォルダにある［Dummy.xlsx］も同時に開いた。（図7-02）

「え！ ヒナ。これは一体どうなってるの？」

「アタシが［7章-1.xlsm］に『ブックを開いたときに自動実行される』イベントマクロを作ったの。そして、その機能によって［Dummy.xlsx］も自動的に開かれたってわけ」

図 7-01

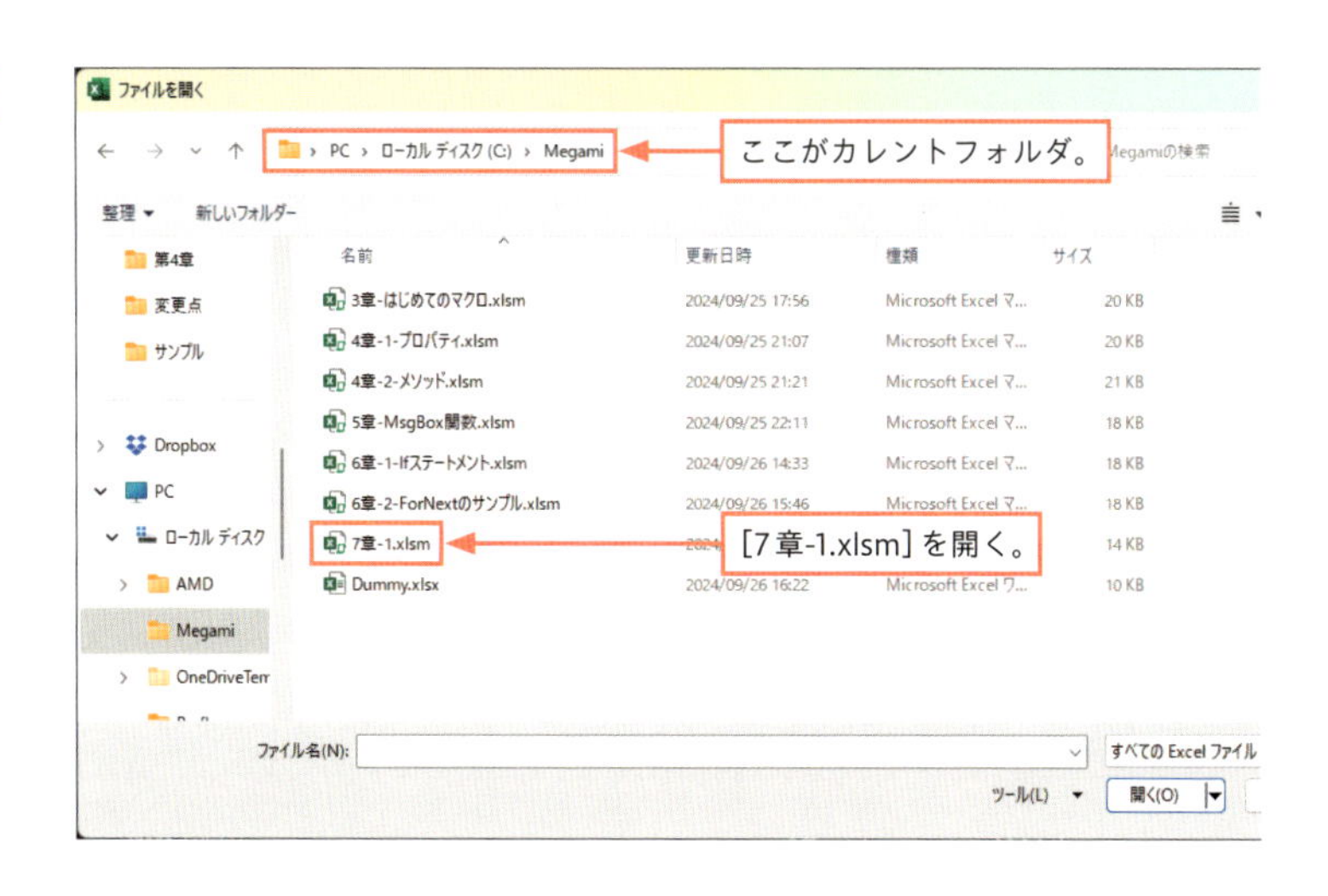

さらに陽菜は次の点を補足した。

「Dummy.xlsxが見つかりません」とエラーメッセージが表示されたら、それは「Megami」フォルダがカレントフォルダになっていないため。

そうしたエラーを防ぐためにも、エクスプローラから[7章-1.xlsm]を開くのではなく、必ずエクセルの[ファイルを開く]ダイアログボックスで[7章-1.xlsm]を開くこと。

また、[7章-1.xlsm]と[Dummy.xlsx]は同じフォルダになければならない。

「うん。補足はわかったからマクロを見せてよ」(図7-03)

「うーん。マクロの中身はわかるけど、タイトルの「Private Sub Workbook_Open()」が今までのマクロとは違う感じだね」

図 7-02

「そうだね。でもそれを考えていても多分永遠に理由はわからないから、実際に同じイベントマクロを一緒に作ってみよう」

「OK」

35

「じゃあ、ユーイチロ。今開いてるブックはすべて閉じて、新規ブックを一つだけ用意して」

「用意したよ」

「そうしたらVBEを表示してアタシの言うとおりに操作して」(図7-04)

「これがイベントマクロの正体よ」

「なるほど。今まで無視していたプロジェクトエクスプローラーの『ThisWorkbook』にマクロを作成する

図7-03

```
Private Sub Workbook_Open()
    MsgBox "Dummy.xlsも同時に開きます"
    Workbooks.Open FileName:="Dummy.xlsx"
End Sub
```

図 7-04

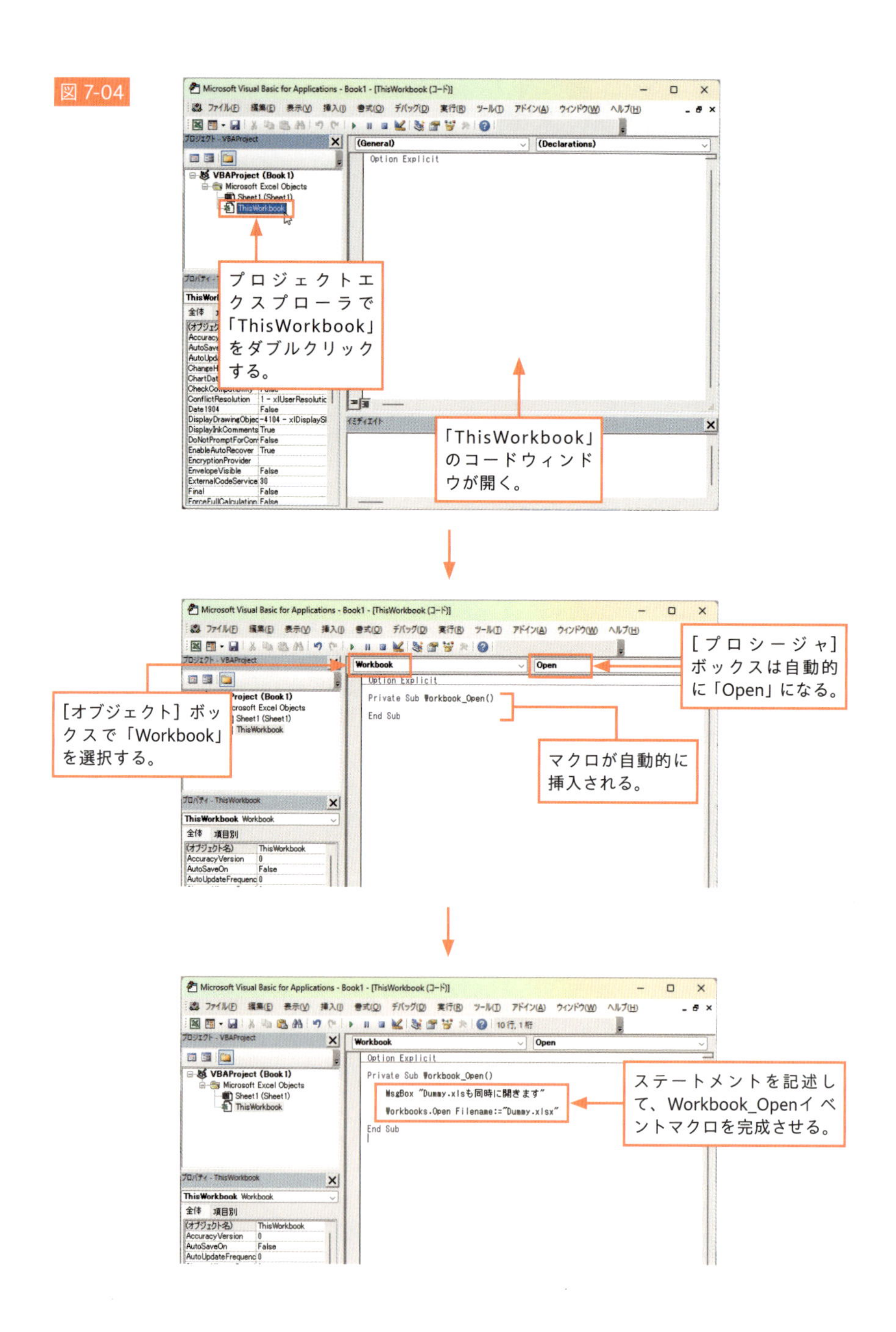
プロジェクトエクスプローラで「ThisWorkbook」をダブルクリックする。

「ThisWorkbook」のコードウィンドウが開く。

[オブジェクト] ボックスで「Workbook」を選択する。

[プロシージャ] ボックスは自動的に「Open」になる。

マクロが自動的に挿入される。

ステートメントを記述して、Workbook_Openイベントマクロを完成させる。

わけか」

「そういうこと。イベントマクロは標準モジュールに自由に作れるマクロとは違って、『どのオブジェクトのどんなイベントか』をきちんと指定する必要があるの」（図7-05）

「なるほど」

「だから、マクロのタイトルは自分で決めるんじゃなく、たとえば『印刷する』というイベントに反応するイベントマクロを作成する場合にはこんな具合に操作するの」（図7-06）

「ちなみに、イベントマクロの場合、Subの前に『Private』が自動的に付くけど、これはイベントマクロを「フォームコントロール」のボタンとかに登録できないようにするためだけど、『VBAの作法』だと思って深く考える必要はないよ」

図7-05

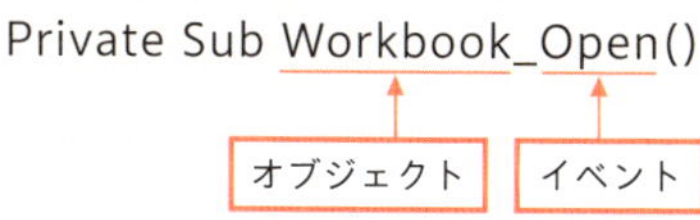

図 7-06

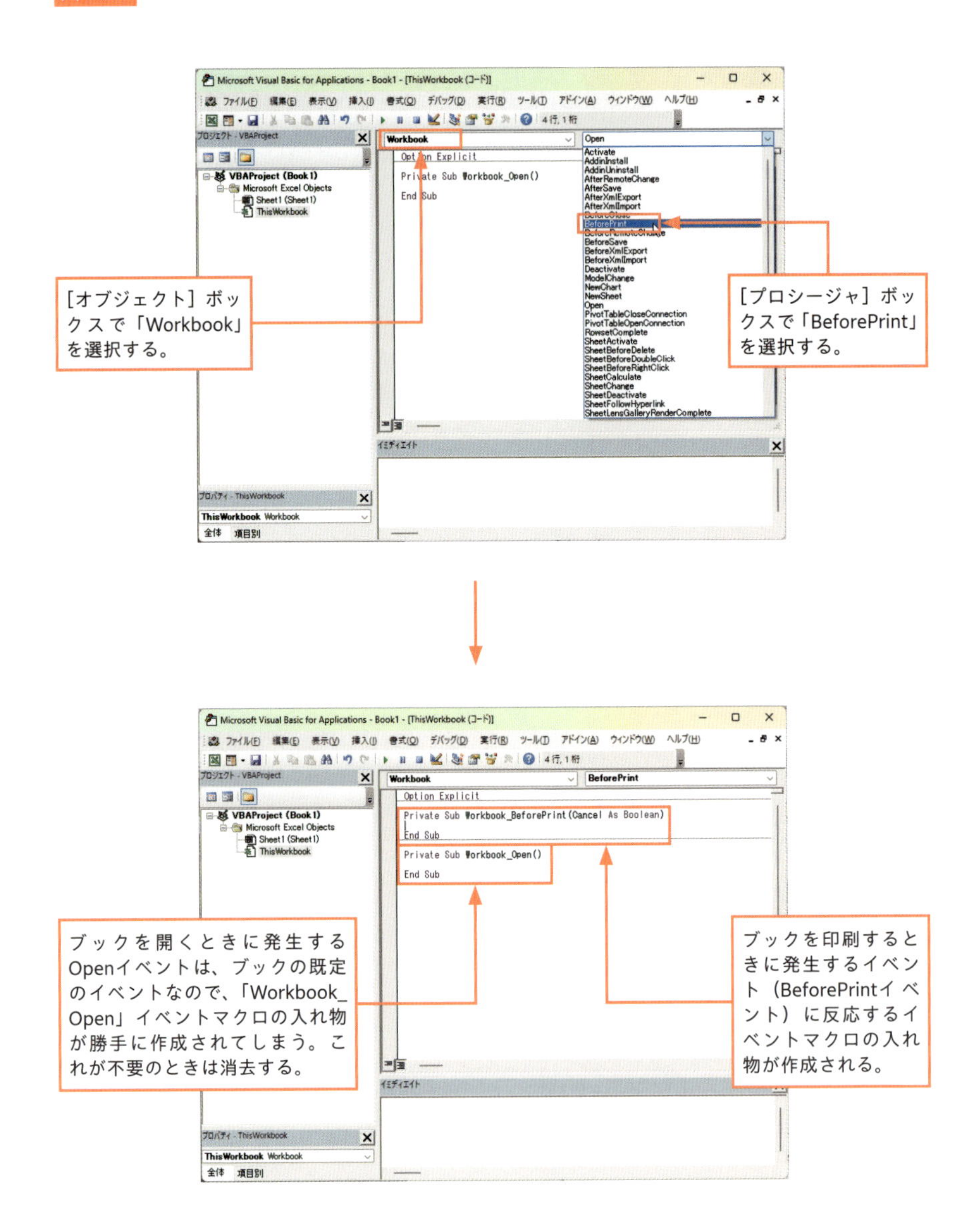
[オブジェクト] ボックスで「Workbook」を選択する。
[プロシージャ] ボックスで「BeforePrint」を選択する。
ブックを開くときに発生するOpenイベントは、ブックの既定のイベントなので、「Workbook_Open」イベントマクロの入れ物が勝手に作成されてしまう。これが不要のときは消去する。
ブックを印刷するときに発生するイベント（BeforePrintイベント）に反応するイベントマクロの入れ物が作成される。

36

なかなかに手強い講義だったため、陽菜がコーヒーのお代わりを用意してくれた。そして、カップを口に運ぶボクに向かって陽菜は言った。

「さっきのイベントマクロは一度にマスターしようと思わないで。まずは雛形を作れるようになることが大切よ。疑問点は徐々に解消していけばいいし、実際のところそうした疑問点はさほど重要じゃないことが大半だわ」

「うん。わかった」

「じゃあ、今度は『ユーザーフォーム』と『コントロール』について説明するよ。これも細かいことは気にせずにまずは感覚を掴んで。ユーイチロはまだ初心者なんだから」

「ユーザーフォームとコントロール？」

「そうね……。大切なのはコントロールなんだけど、そのコントロールを配置する土台をユーザーフォームって呼ぶの。まあ、そんなに難しいものじゃないから安心して」

「う、うん」

「そのユーザーフォームを用意するのは凄く簡単。ＶＢＥの［標準］ツールバーの［ユーザーフォームの挿入］ボタンをクリックするだけよ。ちょっとアタシの操作を見てて」（図7-07）

「わかった」

「はい。これでユーザーフォームが用意できたわ」

「え？　これだけ？」

「そう。そうしたら、［ツールボックス］ツールバーから目的のコントロールをユーザーフォームにドラッグ＆ドロップで配置していくの。ここではコマンドボタンを配置するけどこんな具合ね」（図 7-08）

「なるほど。そして、配置したら位置やサイズを変更するわけだね」

「そのとおり」

37

「じゃあ、いよいよ最後のレッスンよ。これも一度にすべてを覚えようとせずに、まずは必要最低限の知識

図 7-07

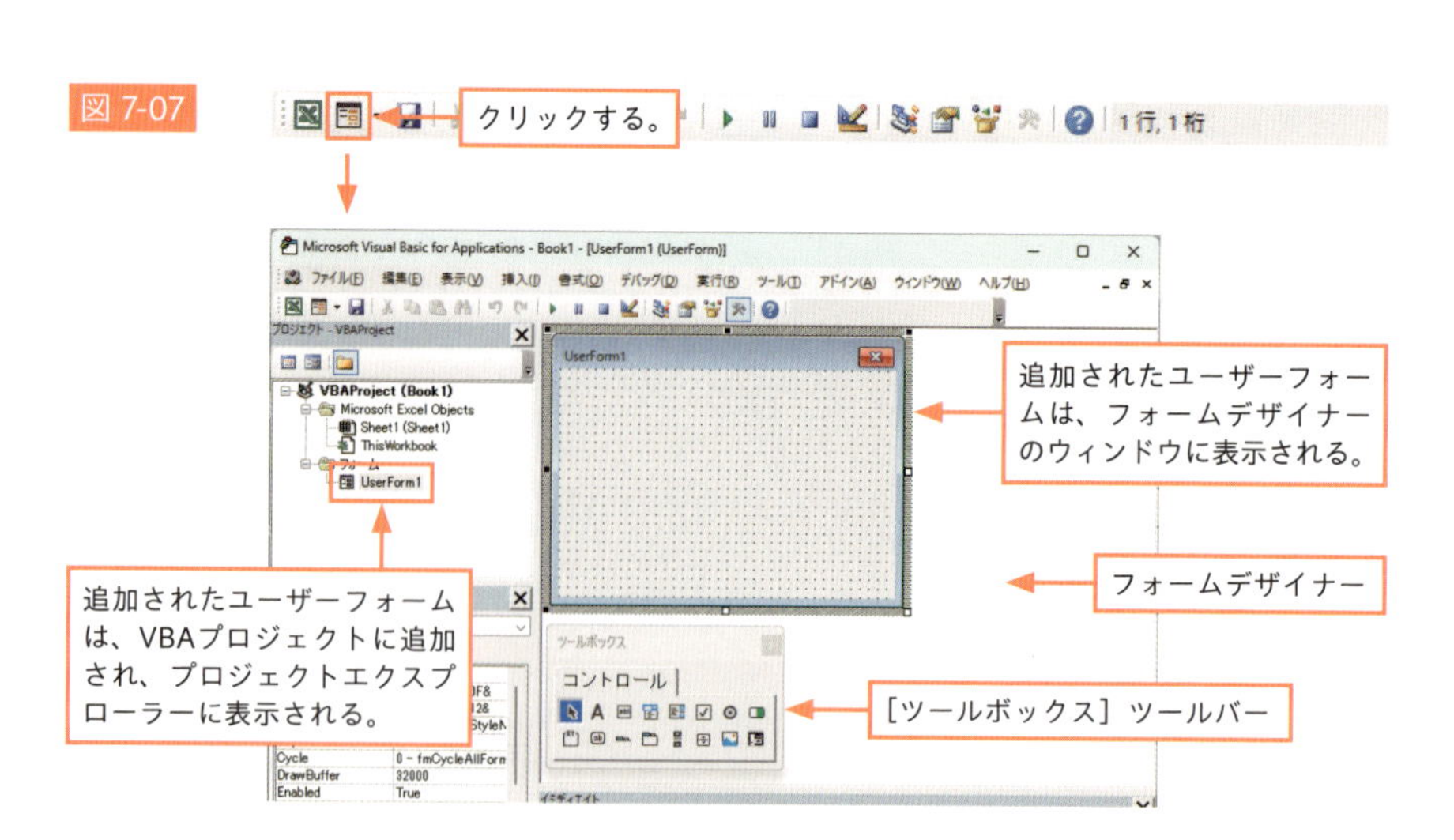

を雛形として覚えて」

「うん。言われなくても、一度にすべてをマスターできるような代物だとは思ってないよ。明らかにこれまでとは難易度が違うからね」

「よしよし、いい子、いい子。さて、せっかくのユーザーフォームも表示できなければ意味がないよね。そこで、標準モジュールにマクロを一つ作るよ」

陽菜は見慣れた標準モジュール「Module1」にサクッとマクロを作成した。

「じゃあ、このマクロを実行してみて」

言われたとおりにすると、ユーザーフォームが表示された。（図7-09）

「このようにユーザーフォームに対して『Showメソッド』を使うの。もう、これは定型文として覚えてね」

「わかった」

「今度はユーザーフォームを非表示にするマクロだけ

図 7-08

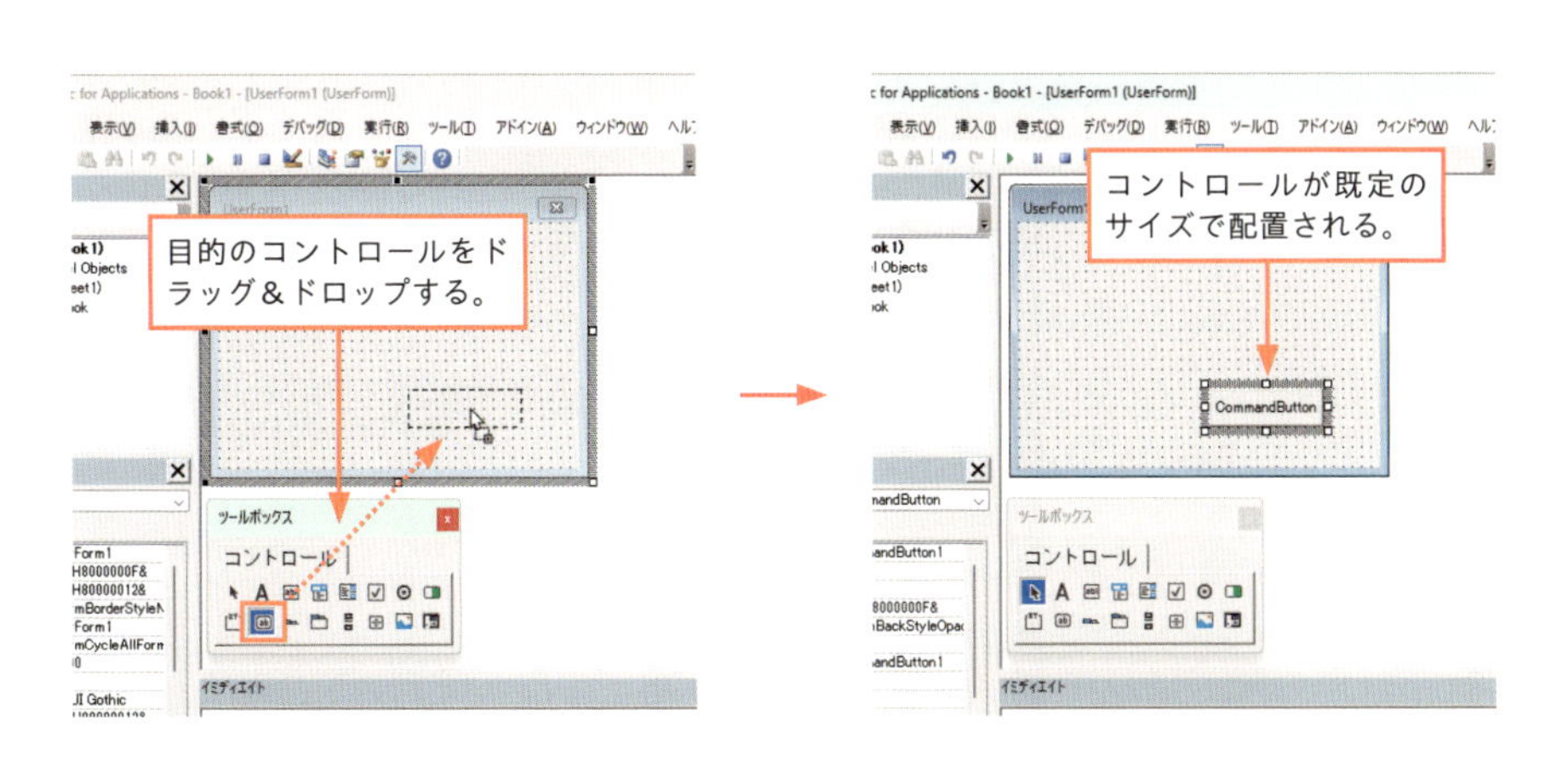

ど、これはCommandButton1のイベントマクロとして作るわね」
「へえ。コマンドボタンにもイベントマクロがあるのか。これは、コマンドボタンがクリックされたらって意味だね」（図7-10）
「そう。ユーザーフォームを非表示にするときって、ほとんどの場合［OK］ボタンや［キャンセル］ボタンが押されたときじゃない。だから、こうやってコマンドボタンのイベントマクロとして作るんだけど、ユーイチロ、このマクロの意味、わかる？」
「いや、実は全然わかってない」
ボクは苦笑した。
「ユーザーフォームを表示するときにはShowメソッドを使うんだけど、非表示にするときにはこのように『Unloadステートメント』を使うの。これは四の五の言わずに定型文として覚えて」（図7-10）
「そのあとの『Me』は？」

図7-09

```
Sub UserFormを表示する()
  UserForm1.Show
End Sub
```

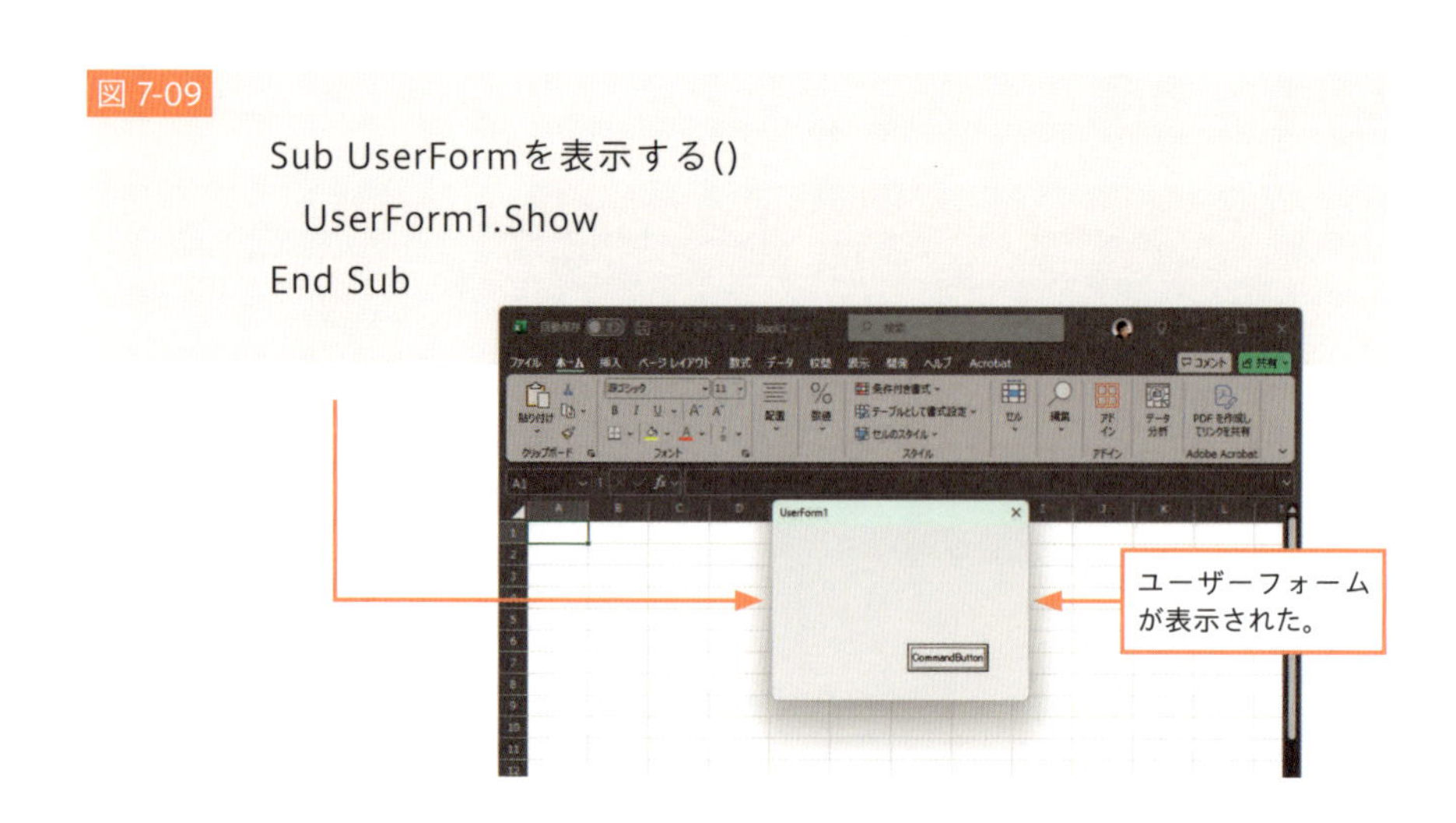

「そこには『UserForm1』と書いてもいいんだけど、コマンドボタンはユーザーフォームの上に配置されてるよね。かなり前のレッスンになるけど、ユーイチロは親オブジェクトと子オブジェクトはもちろん覚えてるよね」

「もちろん。あ、この場合、コマンドボタンはユーザーフォームの子オブジェクトってことか」

「そのとおり。そして自分を含む親オブジェクトであるユーザーフォームを『自分自身』ということで『Me』と書いてるわけ。ちなみに、このコントロールを極めようと思ったら相当に奥が深いよ。ちょっとエクセル貸して」

陽菜はそう言うと、エクセル相手に格闘を始めた。珍しいことにかなりの時間を要している。

「よし、できた。ほら、見て、ユーイチロ」(図7-11)

「うわ！　凄いな、これ！」

図7-10

```
Private Sub CommandButton1_Click()
    Unload Me
End Sub
```

「うふふ。ユーイチロもこんな感じの画面、色々なところで見たことがあるでしょう。ユーザーフォームとコントロールを使うとこんなアプリケーションまで作れちゃうんだよ」

「じゃあ、今後のレッスンでこの辺りを教えてくれるんだね」

「ざーんねーん。VBAのレッスンはこれでおしまいよ。もう教えることは何もない」

「え!? 嘘だろう? ちょっと待ってよ! まだ俺、わからないことだらけだよ!」

「それはそうよ。だけど、あなたはすでに自力で難題を解決していくだけの基礎知識はすべて身に付けたわ。あとは、自分の努力で調べ、応用し、考えるのよ。それに、いつまでもそんな他力本願じゃヨビト商事の業務改善なんてできないよ」

「で、でも……。自分で頑張れって、そんなのあまりに大変じゃない」

すると、陽菜は一呼吸おいて言った。

図 7-11

バスルームグッズ購入画面
ID
氏 名
フリガナ
性 別 男 女 無回答 年齢
郵便番号
都道府県
住 所
希望商品 シャンプー フェイスソープ リンス キャップ ボディソープ タオル
OK
CANCEL

「楽しい仕事は楽じゃない。楽な仕事は楽しくない」

「え？」

「ユーイチロにとってＶＢＡの開発は楽しい？」

「うん、とても」

「だったら苦しくて当然よ。楽しい仕事ほど苦しいんだよ。子育てを考えてみて。あれほど楽しい仕事はない。だけど、あれほど辛い仕事もない。だからこそ、子どもは可愛いの。自分の命よりも大切なの」

「それはそうだけど」

「逆に、楽な仕事は楽しくない。仮にベッドで寝てるだけでお金がもらえるとして、そんな仕事、楽しい？」

ボクは無言で首を横に振った。もはや言葉が出てこなかった。理由はＶＢＡのレッスンが終わってしまうことではなかった。ボクの真意は別にあった。これだけははっきりさせなければならない。

「その……、ＶＢＡのレッスンが終わったら、もうヒナには会えないの？」

「………」

「ヒナ！」

「アタシに会いたいの？」

「もちろんだよ」

「でも、アタシの秘密を知っても同じことが言えるかしら」

〈思えばヒナは謎だらけだ。確かにその謎は知りたい。だけど、それを知ったところで俺がヒナを大切に思う気持ちは揺らがない。ヒナが俺をどう思っているかはわからないけど〉

「その謎を知ったらドン引くよ。多分、アタシを大切になんて思えなくなるわ」

「そんなことない！　たとえヒナが実はニートだとか、大人のお店のキャストだとか、何を言われても俺のヒナに対する気持ちは揺らがない」

「フフフ。ニートは正解だけど大人のお店のキャストじゃないよ。わかった。全部話すね」

38

「最初に昨日の話だけど、ユーイチロ、アタシとまりんさんを同時に好きになったって言ったよね」

「そ、それは。自分でもどうかしてたと反省してるよ」

「そんなユーイチロに対してアタシは、二人を同時に好きになるなんてできない。そんなの本当はどちらも愛していない証拠って言ったけど、真実は違うよ」

「どう違うの?」

「二人を同時に好きになったと白状してる相手のことを愛していないの。つまり、ユーイチロが本当に好きなのはアタシじゃなくてまりんさん」

「白状してる相手のことを愛してないって……」

「じゃあ、ユーイチロ。そのセリフ、まりんさんに言える? まりんさんと別の女性を同時に好きになりましたってまりんさんに言えるの?」

確かに、そんなセリフをまりんに言えるとは思えなかった。

「だけどね、ユーイチロがアタシを愛していないってわかって、実は安心してる自分もいたの」

「どうして?」

「正直、迷惑だったし」

ボクは思わずうつむいた。

「それに、ユーイチロとは別れが来ることがわかってたから」

「それが今日なの? なんでもう会えないの? あ、ひょっとしてノルウェーに帰るの? だからお父さんが俺のことを探ってたってこと?」

「パパか」

陽菜はうつむいて唇を噛んだが、言わずにはいられないという表情でその唇を開いた。

「パパともう会えないな」

「え！　お父さんとも会えないってどういうこと？」

「……。ユーイチロ。初めてこの家に来たときにこんなこと言ったの覚えてる？　ChatGPTを活用すればエクセルの作業の自動化ができるんじゃないかって」

「あー。確かにそんな話をしたね。世の中そんな甘くないって思い知らされたけど」

「じゃあ本題に入るわよ。まず、世の中の人には知らされてないけど、ChatGPTレベルのAIなんて二十年も前に完成してるわ」

「え！」

「そして、今の最新鋭のAIが……」

陽菜は、自分の両手を見つめたあとに口を開いた。

「江頭陽菜。すなわち、アタシ」

「ハハハ。ヒナ、何を言い出すんだ。そのジョーク、まったく笑えないぞ」

すると、陽菜は服と下着を瞬時にたくし上げた。突然の出来事にボクは咄嗟に目線をそらす。

唯一、ブラジャーをしていないことは視界の片隅にとらえていた。

「ユーイチロ。見て。アタシの体」

「み、見れるわけないだろう」

「いいから、現実と向き合って」

言って、陽菜はボクの両頬に手を添えてボクの顔を自分の胸部に向けた。次の瞬間、ボクの眼前に陽菜の豊かな乳房が現れた。しかし、その乳頭にはあるはずのものがなかった。

「乳首だけじゃないよ。おへそも見て」

　そのまま視線を下に移すと、腹部にはへそがなかった。

〈どういうことだ……。ヒナの体、まるで作り物のようじゃないか〉

「どう？　わかってくれた？」

「いや、かなり混乱してて。ただ、確かに人間の体とは少し違うように見える」

「当然よ。アタシはアンドロイドなんだから」

「え！」

「整理すると、アタシの頭脳はＡＩ。そして体は最先端のロボット工学の結晶よ」

　言って、陽菜は服と下着を元に戻した。

39

　その後、五分ほど沈黙が部屋を包んだ。その間に、陽菜がアンドロイドであるという現実がボクの脳内の血管を流れ始めた。

「ヒナ。もう何を聞いても驚かない。ヒナが一切、飲食をしない理由も、この部屋が質素な理由もわかった。だけど、それでもまだ謎だらけだ。話せることはすべて話してくれないか」

「わかった。じゃあ、最初にこれは注意喚起も含めて話すけど、ユーイチロ、あなたSNSに色々と書き過ぎよ」

「え!」

「アタシは当然、ネットの多くの情報にアクセスできるわ。それを学習データに日々、いえ、毎秒賢くなっているんだから。そして、あるときパパが昔勤めていたヨビト商事が気になってネットにアクセスしたら、ヨビト商事の外観の画像をあるSNSで見つけた。そのSNSは、所々伏字にはなっていたけど会社や仕事、上司に対する不満で溢れていた。そして発信者は、仕事終わりにその日の愚痴を書き込むと、約五十五分後にここからすぐそばの交差点で撮った写真を頻繁にアップしていた」

「……。そのSNSの発信者が俺ってわけか」

「うん。だから、あなたが急な雨であたふたしている姿を見てすぐにヨビト商事の例の社員だってわかったわ。あなた、その日も『給料泥棒』やら『コンプラ案件』と愚痴を書き込んだわよね。そして、その約五十五分後にくだんの交差点にいたんだもの。だからアタシ、あの日あなたに手招きをしたの」

「俺たちが出会った日だね」

「そう。それよりあなた。SNSは鍵をかけるかハンドルネームを変えなさいよ。何よ、『ユーイチロ』って。本名、バレバレじゃない。そのうち会社にも気付かれるよ」

そうか。陽菜と初めて会った日、ボクは「ヨビト商事の佐々木」と自己紹介したつもりが、彼女が「ユーイチロ」と知っていたことに違和感を覚えたが、SNSでバレバレだったのか。

「あ、ちなみにあなた、アタシがハイアット・リージェンシーでまりんさんとあなたの恋敵（こいがたき）がデートしてることなんで知ってるんだって、まるでアタシが悪いようにアタシを責めたけど、あなた、SNSで盛大に愚痴ってたじゃない」


〈なるほど。そういうことだったのか。俺のただの自爆じゃないか〉


「ヒナ。その出会った日で思い出したんだけど……」

ボクは自然にこみ上げてくる笑みを崩さずに言葉を繋げた。

「あの日のヒナの態度、無茶苦茶だったぞ。女王様気取りで」

「あー、それはごめん。あの日はニューラルネットワークの調子が悪くて。なんかそういうモードに入っちゃったのよね。ユーイチロが注意してくれたおかげで途中で直ったけど。でも、それもアタシが今日本にいる理由なんだよね」

「そうだ。なぜ陽菜は日本に来たの？　そして、日本で何をしてるの？」

「人間で言えば治療。アタシの場合は修理ね」

「修理？　どこか悪いの？　そんな風には見えないけど」

陽菜はそこで一度考え込んでから言葉を引き取った。

「そうね。まずはザックリでいいからアンドロイドを理解して。アンドロイドはさっきも言ったけど脳をつかさどるニューラルネットワーク、すなわちＡＩと、首から下はロボットなの」

「それはなんとなくわかるよ」

「で、仕方のないことだけどパパがアタシを作るときに致命的なミスをしちゃったの」

「どんなミス？」

「うーん。パパを責めるようで言いづらいんだけど、そもそもアタシ以外のアンドロイドはここまで人間に似てないのよ。特に目ね」

「目？」

「うん。普通のアンドロイドは視覚情報さえ取り入れられればいいから、目はゴーグルのようになってるの。でも、パパが……。ちょっと待って」

そのまま陽菜は本棚に向かった。そして、一冊しかない本を手に持って再びボクの横に座った。

陽菜は、本を開くと中から一枚の写真を取り出した。


〈本だと思っていたけどアルバムだったのか〉


「さあ、この写真を見て」

そこに写っているのは陽菜に酷似した二十代半ばの日本女性だった。

「随分と古びた写真だけど、これは……、ヒナ？」

「ううん。アタシにはもちろんママはいないんだけど、まあ、アタシのママといってもいい人ね。パパの妻だった人」

「妻、だった？」

「うん。この写真を撮った五年後くらいに病気で他界したんだって」

「え！」

驚いてるボクをよそに、陽菜は写真の裏に何かを書き始めた。その二分ほどの作業を終えると彼女は言った。

「ユーイチロ。一度休もう。コーヒーを淹れてあげる」

40

ボクの頭はオーバーフロー寸前だった。インプットされる膨大な情報と、話を聞けば聞くほど疑問が溢れ出てきて、マグマを頭蓋骨がせき止めているかのようだった。とにかく、コーヒーを飲んで気持ちを落ち着けることに専念した。

「話を再開するけど、前にパパがヨビト商事の創業メンバーなのに辞めたって言ったじゃない」

「うん」

「辞めた理由はそのときに話したとおりなんだけど、一番の理由はママが亡くなったことらしいの」

「え！　それは気落ちして？」

「もちろんそれもあったと思うけど、パパはどうしてもママのことが忘れられなかったらしいの。そして目を付けたのが、当時はまだ黎明期だったロボット工学。黎明期とは言っても日本はその道では最先端だったからね」

「ロボット工学というと、ヒナの場合はボディにあたる部分だね」

「そうね。そしてロボット工学を習得したパパは今度は自分の母国のノルウェーに戻ってＡＩの研究を始めた。そして、人間の脳と遜色ない、いえ、人間の脳など比較にならない人工知能を作り上げた」

「それで生まれたのがヒナというわけか」

「そうなんだけど、パパを責める気はないけど、そのときパパは取り返しのつかないミスをしたの」


〈取り返しのつかないミス？　こんな言い方絶対にしたくないけど、ヒナが欠陥品だとはとても思えない〉

「見てわかるとおり、アタシを逝去した自分の妻に似せたまではよかったんだけど、アタシの目に防水加工を施すのを忘れたの」

「え？　防水加工を忘れるとどうなるの？」

「そんなの壊れるに決まってるじゃん。アタシは『機械』なんだから」

「機械……」

「もちろん、一度に大量の水が流れ込んだわけじゃないけど、だからこそ発見が遅れた。アタシの体内には目を通じて微量の水が溜まっていき、ついには故障した」

「故障って。ヒナはいたって元気に見えるけど」

「ううん。体の中はボロボロよ。で、検査を受けるためにこのロボット立身国の日本にやって来たってわけ」

「じゃあ、普段はその検査を受けてたんだ」

「うん。だけど、雨の日は外出できないから家にいたわけ」

〈なるほど。陽菜が雨の日にしか会えないのはそうした理由があったわけか。また、陽菜のお父さんがこの近所をうろうろしていた理由もわかった気がする〉

「でも直るんでしょう？　俺はロボット工学とか難しいことはわからないけど、今の技術なら修理できると思うけど」

「そうね。修理はできるけど、脳はリセットしなきゃならないんだって」

「脳のリセット？　どういう意味？」

「記憶をまっさらな状態にしてまた一から学習するってこと」

「は！　どういうこと！　リセットってなんだよ！　記憶をまっさらってなんだよ！」

「だから言葉の通りよ。アタシはすべてを忘れて、また一から生まれ変わる。最近思うわ。死んだらおしまいの人間と、何度でも生まれ変われるアタシとどちらが幸せなのかなってね」

一瞬にして目の前の景色がぐにゃりと歪んだ。持っていたはずのコーヒーカップが足元に落ちている。

気付いたらボクはテーブルをどけて陽菜の足元で土下座をしていた。

「頼む、ヒナ。俺を、俺を、忘れないでくれ」

地面に額（ひたい）を付けるとカーペットの上に涙で染みができた。その面積がどんどんと大きくなっていく。

「あのね、ユーイチロ。家の雨漏りとはわけが違うのよ。アタシたちアンドロイドだって脳をつかさどるニューラルネットワークと体は神経のように繋がっているの。その体がもう使い物にならない以上、脳もリセットしなければならないというのが最先端の科学者の出した結論なの」

腕の振動で肩まで震えた。無意識に両手を握りしめていた。そして、叫びながらそのこぶしを床に叩きつけた。

「畜生！　畜生！」

何回、その低俗な言葉を発しただろうか。だが、声がしわがれ、喉が痛み出したときに、頭上からヒナの気配を感じた。

頭を上げると、陽菜はボクの目を直視しながら言った。

「その気持ち、迷惑なんだよね。っていうか、いい大人がなに泣いてんの。まったく、滑稽ったらありゃしない」

「え！」

「ユーイチロ。三日目にオブジェクトとかプロパティ、そしてメソッドの勉強をしたときのこと覚えてる？」

「あ、ああ」

「あの日、アタシ、盛んにユーイチロを誘惑したよね」

「そ、そうだったかな」

「理由は、アタシを抱こうとすればアンドロイドってわかるでしょ。そして、アタシには興味がなくなる。だったら、さっさとアタシのことは忘れてもらって、脳と体を修理してまた一からやり直したかったのよね。要するに、あなたの存在がうざかったってわけ」

「…………」

「聞いてるの？　ユーイチロ」

「あの日はバグってたんだろう？」

「違うよ。自分の意志で言葉を発してたよ」

「じゃあ、なぜその後も俺にＶＢＡのレッスンをしてくれたんだ」

「そんなの、ただの暇つぶしに決まってるじゃない」

「…………」

「でも、暇つぶしとはいえあなたにＶＢＡの基礎はしっかりと叩きこんだつもりよ。だから、これはアタシからの最初で最後のお願い。最高のマクロを作って、ヨビト商事の人たちを見返して」

わずかな沈黙が流れた。同時に、ボクの体の真芯に熱いものが生まれた。

「わかった。最高のシステムを作って業務改善を実現してみせるよ」

ボクのセリフに陽菜の笑顔がひまわりのように咲き誇った。

ボクは、その日もビニール傘を忘れて帰路についた。

第8章

見積入力の披露、そして、愛しの女性

アド
イン
データ
分析
PDF を作成し
でリンクを共有
アドイン
Adobe Acrobat
OK
キャンセル
すこやか
ジョイゾン
グラッチ
麺ズチャイナ
サンドバー
ビストロエニット
ダイニング海賊
レスポワール
徳川苑
食いもの屋三丁目
カフェ・オニオン
フェアリーテイル
フレンズハウス
きくや
ブルーオーシャン
料理の旬
串焼きものがたり
サニーズ
フードアイランド
ヘルシー・ヘルシー
ホットアイス
鳥や
アバンティ
遊楽園
見積No
顧客
枝
商品
金額
備考
税抜金額
消費税
売上金額
転記
見積入力
見積書
顧客
商品
見積台帳
準備完了
135%

41

陽菜と最後に会った日から約三週間、ボクは二つのことに心血を注いだ。一つは、見積入力システムの構築だ。

確かにボクは、陽菜と過ごした六日間でＶＢＡの基礎はマスターしていた。しかし、陽菜からすべてを教わったわけではない。壁に当たるたびに、インターネットで調べたり、ChatGPTを活用したりして開発を進めてきた。

さらにもう一つ、事前に課長の小野寺綾子の協力を得た「企業の温かみ」という点にも着目していた。

だが、本来であれば、この手の活動は部長にまで報告が上がるものだが、白雲鈍太が何も知らされていないことは明白だった。これは「一社員の思い付きを報告して、部長の手を煩わせたくない」と小野寺が考えたからだろう。

もちろん、白雲との無用な接触は避けたいとの思惑も働いたに違いない。

第三営業部で白雲の歓心を買おうとしているのはただ一人、黒空酷斗だけだ。

さて、その見積入力システムだが、もちろんそれだけで営業部の業務が劇的に改善されることはない。しかし、驚異的なヒット数を積み上げたイチローにだって初打席、初陣はあったのだ。

そして、まさしく今日がボクにとっての初陣。会社で自作の見積入力システムのデモンストレーションを行う日だ。

ここでみんなを満足させられれば、そのほかのさまざまな業務を次々にマクロで改善していける。

おそらく半年もあれば、営業部のパソコン作業の三十パーセントは自動化され、ミス入力も激減し、営業部員たちはその分、本来の営業により注力できるようになるはずだ。

逆に、ここで認めてもらえないと、ボクはこの営業部には居場所はなくなる。お荷物として居座る気はないので、辞表を提出することになるだろう。

ボクの前には、すでに三十五人の営業部員が座っている。その中には、喜多山まりん、黒空、そして白雲の姿もある。

ボクの隣の大型スクリーンには、ボクのパソコンのデスクトップ画面が表示されている。

42

＜さあ、時間だ！＞
ボクは、緊張して震える手をみんなに悟られないように、マイクのスイッチを入れた。

「では、みなさん。今から見積入力システムのデモを行います。まず、この『見積入力.xlsm』を起動します」

ボクは、そのブックをダブルクリックした。すると、「今日も頑張りましょう」というメッセージボックスが表示された。

大多数が思わず吹き出していたが、ある部員同士の小さな声が聞こえた。

「おい。どうしてブックを開くとあんなメッセージが表示されるんだ？」

「わからない。どんな仕組みなんだ？」

ボクは、その声に気を取られないように続けた。

「では、見積入力シートを見てください」（図8-01）

その場にいたみんながスクリーンを凝視した。

「この見積No.セルですが、これは入力する必要はありません。ブックを開けば、最新の見積No.が自動表示されます」

図 8-01

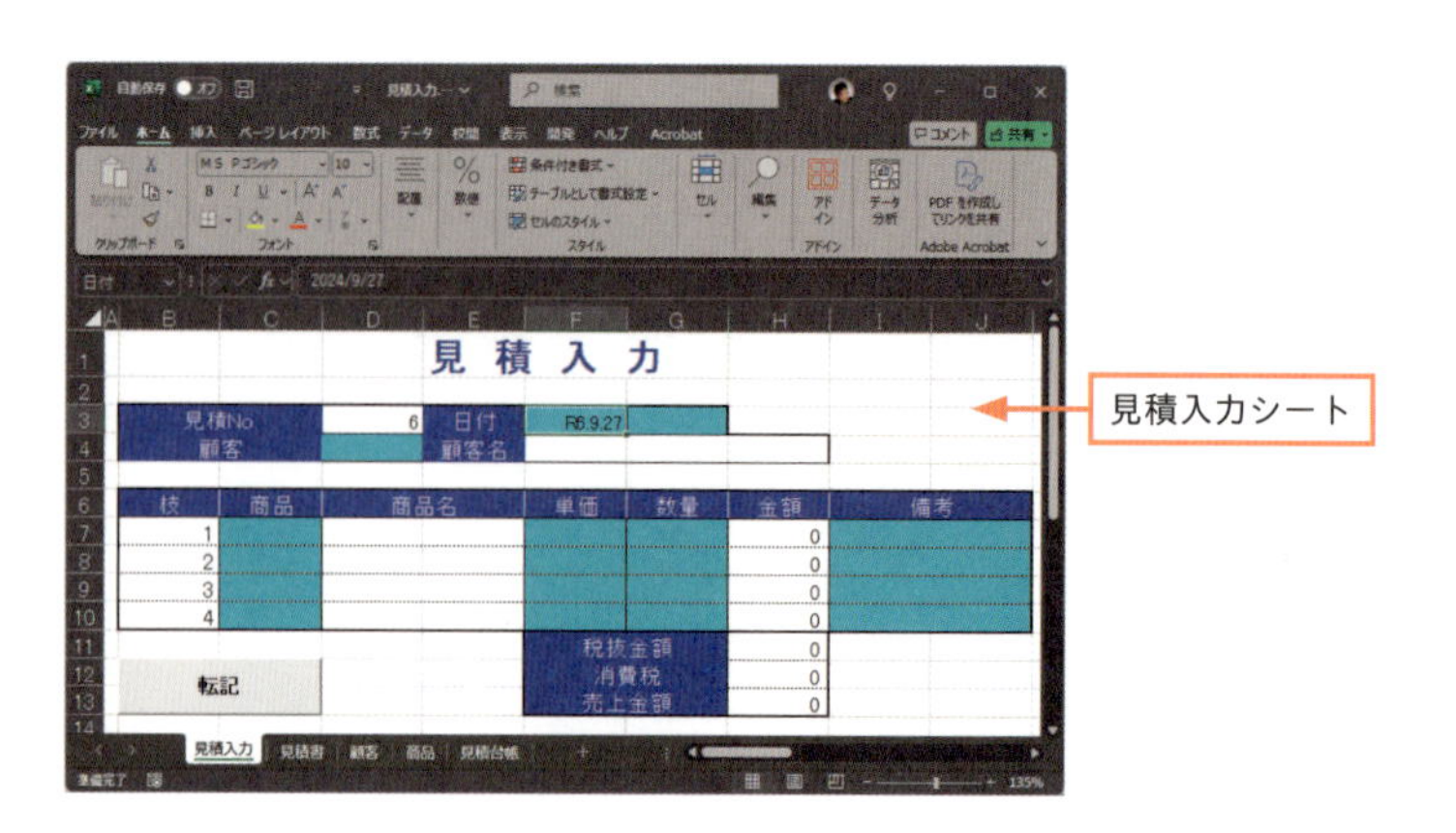

ボクは、見積№.セルをポインタで指した。

「また、日付セルも今日の日付が自動表示されています」

「そのセルには、TODAY関数が入力されているの？」

部員から質問が出た。

「いいえ、違います。TODAY関数を入れたら日付を変更することができませんよね。関数の式が上書きされてしまいますから。この日付は自由に変更できるように、マクロで表示しています」

「へぇー。そんなことができるんだ」

「そして、目的の日付を入力したら、次は顧客セルの入力です」

「『顧客』と『顧客名』ってなっているけど、両者の違いは？」

「このシステムでは、顧客名は入力しません。事前に、このように顧客シートに顧客コードと顧客名を入力しておきます」（図8-02）

図8-02

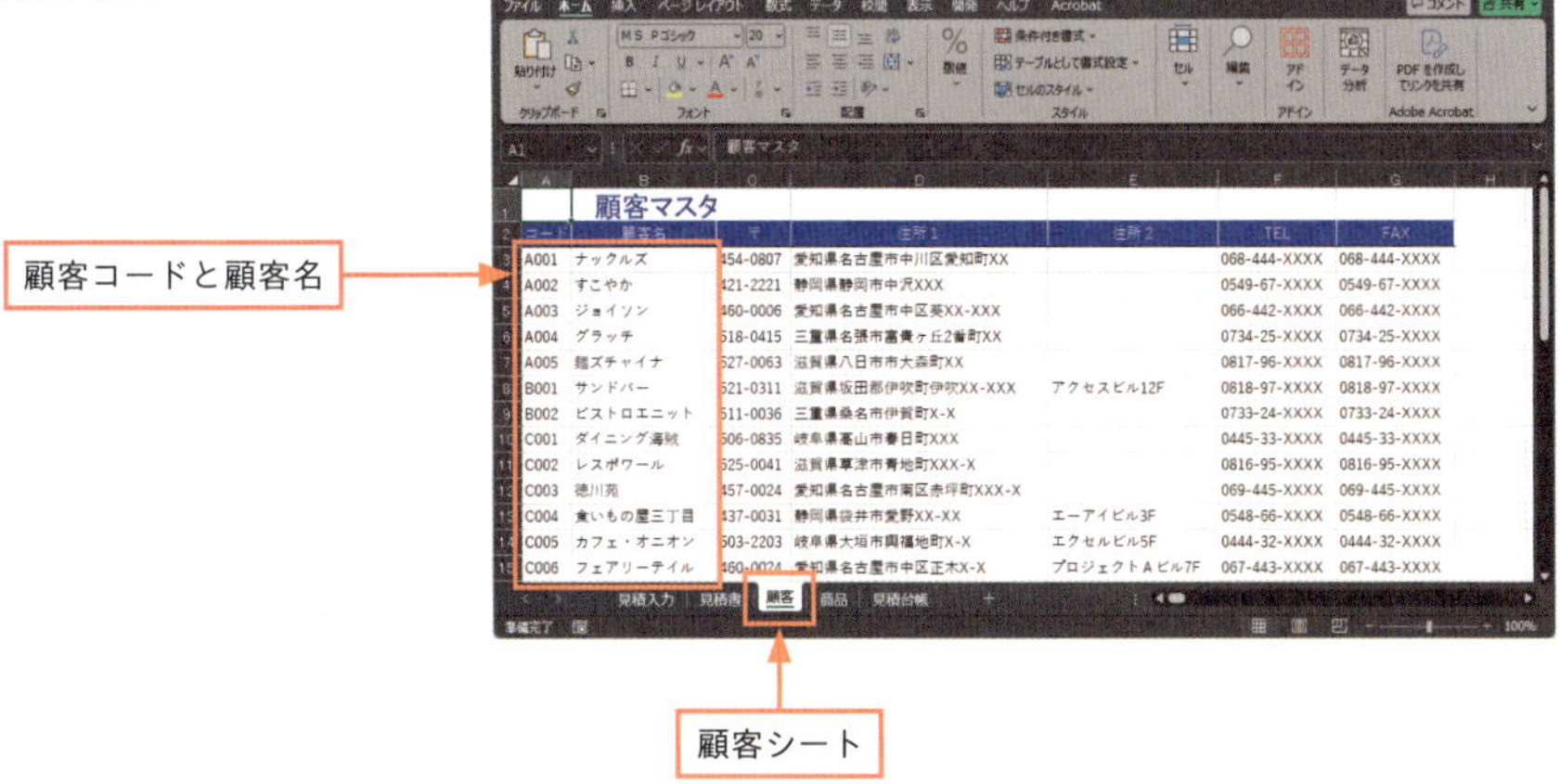

顧客マスタ

コード	顧客名	〒	住所1	住所2	TEL	FAX
A001	ナックルズ	454-0807	愛知県名古屋市中川区愛知町XX		068-444-XXXX	068-444-XXXX
A002	すこやか	421-2221	静岡県静岡市中沢XXX		0549-67-XXXX	0549-67-XXXX
A003	ジョイソン	460-0006	愛知県名古屋市中区葵XX-XXX		066-442-XXXX	066-442-XXXX
A004	グラッチ	518-0415	三重県名張市富貴ヶ丘2番町XX		0734-25-XXXX	0734-25-XXXX
A005	麺ズチャイナ	527-0063	滋賀県八日市市大森町XX		0817-96-XXXX	0817-96-XXXX
B001	サンドバー	521-0311	滋賀県坂田郡伊吹町伊吹XX-XXX	アクセスビル12F	0818-97-XXXX	0818-97-XXXX
B002	ビストロエニット	511-0036	三重県桑名市伊賀町X-X		0733-24-XXXX	0733-24-XXXX
C001	ダイニング海賊	506-0835	岐阜県高山市春日町XXX		0445-33-XXXX	0445-33-XXXX
C002	レスポワール	525-0041	滋賀県草津市青地町XXX-X		0816-95-XXXX	0816-95-XXXX
C003	徳川苑	457-0024	愛知県名古屋市南区赤坪町XXX-X		069-445-XXXX	069-445-XXXX
C004	食いもの屋三丁目	437-0031	静岡県袋井市愛野XX-XX	エーアイビル3F	0548-66-XXXX	0548-66-XXXX
C005	カフェ・オニオン	503-2203	岐阜県大垣市興福地町X-X	エクセルビル5F	0444-32-XXXX	0444-32-XXXX
C006	フェアリーテイル	460-0024	愛知県名古屋市中区正木X-X	プロジェクトAビル7F	067-443-XXXX	067-443-XXXX

ボクは、そこで顧客名と顧客コードが紐付けられた顧客シートを画面に映し、みんなの理解した表情を確認すると、再び見積入力シートに戻った。

「そして、顧客セルに顧客コードを入力すると……」

顧客名セルに顧客名が表示された。

みんなが軽くどよめいたが、その反応が面白くない人物がいるようだ。

「佐々木。ちょっと待ってよ。その程度のことはワークシート関数でできるだろう。それよりも、顧客コードがわからないときにはどうすんだ。まさか、すべての顧客コードを暗記しろってことか？　もしくは、前もって顧客シートを印刷しておけってことか？」

質問の主は黒空だった。

「関数？　じゃあ、関数でこんなことができますか」

ボクは顧客セルをダブルクリックした。すると、小さな画面が表示され、その中のリストボックスには顧客名の一覧が表示された。（図8-03）

図 8-03

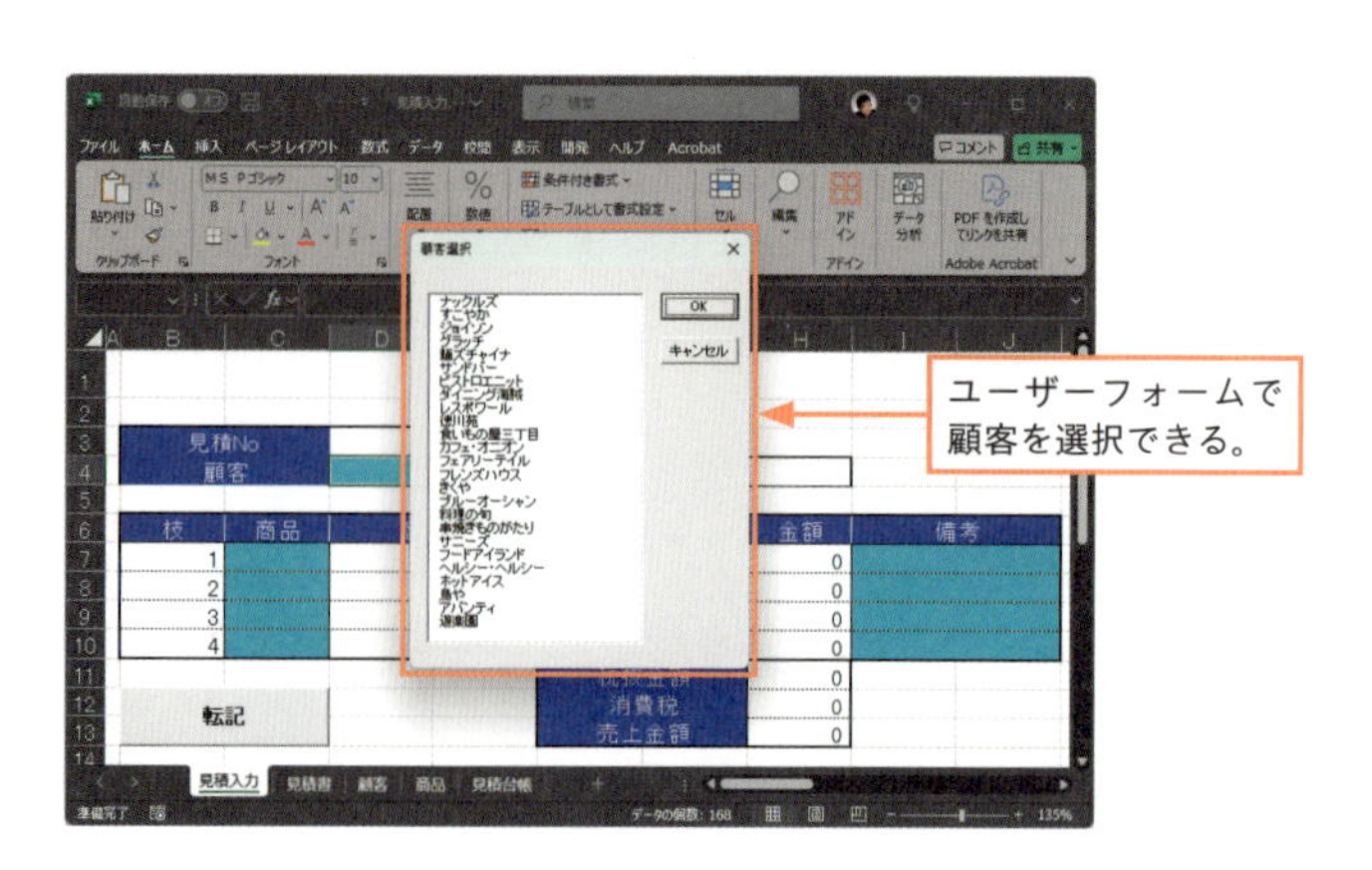

「顧客コードがわからないときには、このダイアログボックスで顧客名を選んで［OK］ボタンをクリックすれば、顧客コードと顧客名がセルに転記されます。これなら顧客名の入力ミスは起きようがありません」

黒空の舌打ちが聞こえたが、すぐに部員たちの感服の声に飲み込まれた。

「同様に、四件入力できる商品も、商品コードを入力、もしくは商品セルをダブルクリックして、ダイアログボックスから商品を選択します。このとき、単価も表示されますので、変更したいときは変更してください。そして、個数を入力すれば、当然、金額が算出されます。備考セルの入力は任意です」

「そうしたら?・」

「最後に、［転記］ボタンをクリックしてください。この画面で入力したものは、見積台帳シートに転記されて蓄積されます。また、同時に見積書シートにも転記されます。見積台帳シートは自分で管理するもの、見積書シートは取引先への送付用ですね」（図8-04・図8-05）

そこまで言うと、ボクは大きくゆっくりと深呼吸をした。そして、吐き出す二酸化炭素に乗せて最後の言葉を発した。

「今お見せしたものは、見積入力のデータの追加です。当然ですが、見積No.を指定してデータの変更や削除も行えます。また、見積台帳シートの見積データは、並べ替えや集計など、これも自動化してありますが、これ以上みなさんの貴重なお時間をいただくことはできませんので、

図 8-04

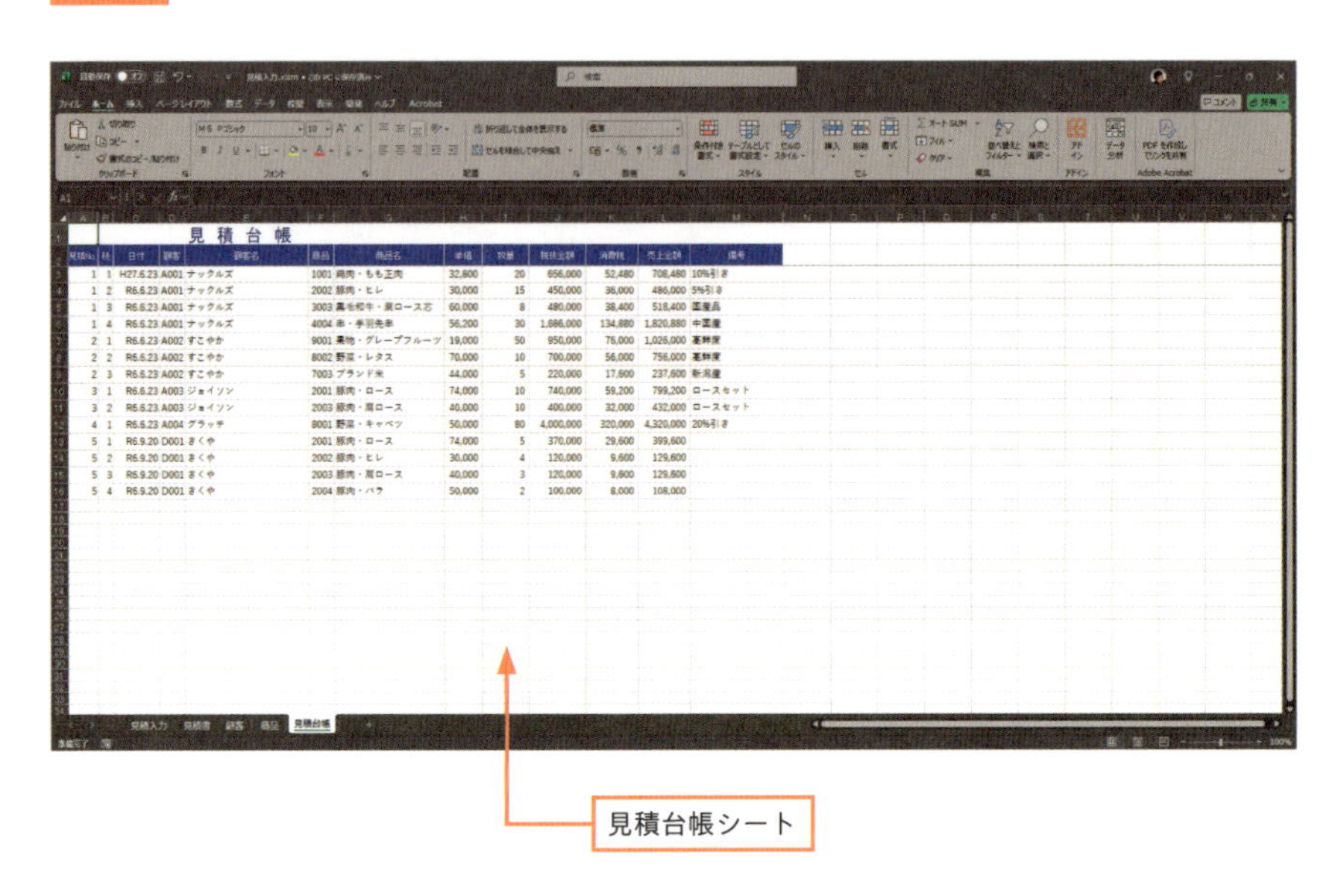
見積台帳
1 1 H27.6.23 A001 ナックルズ 1001 32,800 20 656,000 52,480 708,480 10%引き
1 2 R6.6.23 A001 ナックルズ 2002 豚肉・ヒレ 30,000 15 450,000 36,000 486,000 5%引き
1 3 R6.6.23 A001 ナックルズ 3003 60,000 8 480,000 38,400 518,400
1 4 R6.6.23 A001 ナックルズ 4004 56,200 30 1,686,000 134,880 1,820,880
2 1 R6.6.23 A002 すこやか 9001 グレープフルーツ 19,000 50 950,000 76,000 1,026,000
2 2 R6.6.23 A002 すこやか 8002 レタス 70,000 10 700,000 56,000 756,000
2 3 R6.6.23 A002 すこやか 7003 ブランド米 44,000 5 220,000 17,600 237,600
3 1 R6.6.23 A003 ジョイソン 2001 豚肉・ロース 74,000 10 740,000 59,200 799,200 ロースセット
3 2 R6.6.23 A003 ジョイソン 2003 40,000 10 400,000 32,000 432,000 ロースセット
4 1 R6.6.23 A004 グラッチ 8001 キャベツ 50,000 80 4,000,000 320,000 4,320,000 20%引き
5 1 R6.9.20 D001 きくや 2001 豚肉・ロース 74,000 5 370,000 29,600 399,600
5 2 R6.9.20 D001 きくや 2002 豚肉・ヒレ 30,000 4 120,000 9,600 129,600
5 3 R6.9.20 D001 きくや 2003 40,000 3 120,000 9,600 129,600
5 4 R6.9.20 D001 きくや 2004 豚肉・バラ 50,000 2 100,000 8,000 108,000
見積台帳シート

図 8-05

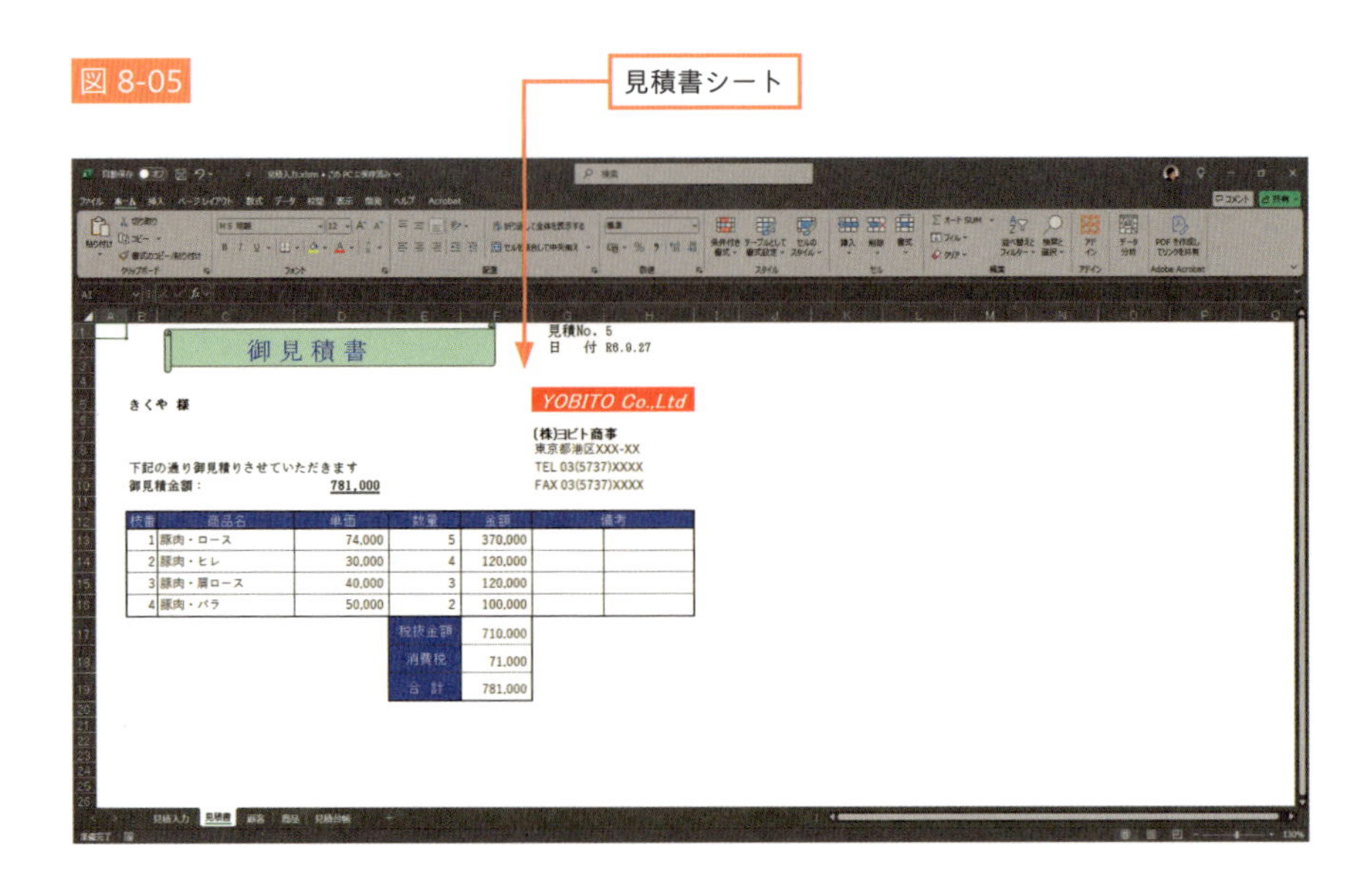
見積書シート
御見積書
見積No. 5
日　付 R6.9.27
きくや 様
YOBITO Co.,Ltd
(株)ヨビト商事
東京都港区XXX-XX
TEL 03(5737)XXXX
FAX 03(5737)XXXX
下記の通り御見積りさせていただきます
御見積金額： 781,000
枝番 商品名 単価 数量 金額 備考
1 豚肉・ロース 74,000 5 370,000
2 豚肉・ヒレ 30,000 4 120,000
3 豚肉・肩ロース 40,000 3 120,000
4 豚肉・バラ 50,000 2 100,000
税抜金額 710,000
消費税 71,000
合 計 781,000

デモはここまでにします」

ボクは、やり切った感に満たされていた。

あとは、最後の審判を下す部員たちの反応だ。彼らが、この見積入力システムを使いたい。いや、もっともっと色々な入力作業を次々に自動化してほしい。そう願ってくれれば、ボクの初陣は勝利で飾ることができる。逆の結果なら、潔くこの会社から撤退しよう。

そのとき、予期せぬセリフが響いた。

「ほお。それがきみが手間暇かけて作ったシステムというわけか」

白雲だった。

「まあ、業務改善には一定の効果はありそうだが、そのシステムで受注できるわけじゃない。営業に必要なのはここと……」

白雲は、ボクを見ながら眉をひそめると、自分の頭の横を指さした。

「ここだ」

今度は、自分の二の腕に手のひらを置いた。

「部長のおっしゃるとおりですが、業務改善でもいいから結果を出せと指示なさったのは、ほかならぬ部長ですよね」

「バカか！　営業が契約を取ってこれなくてどうする！　ましてや、その辺の零細企業ならともかく、この天下のヨビト商事の営業部員がな！　一体、どんな作業をしていたのかと思えば、営業術ではなく、こんなおもちゃを作っていたとは情けないにもほどがある」

「…………」

「新規の取引先を取れないんだったら、既存の取引先を駆けずり回って利幅の大きい食材でも売りつけてこい！　このヨビト商事の威光で圧力をかけるんだ。それが数字に直結する時間の使い方というものだ」

「ヨビト商事の威光で圧力？」

「そうだ。よく聞け。できる社員というのは、時間を『金（かね）』に換える能力を持った社員なんだ」

ボクは思わず反論の体制に入ったが、黒空に水をさされた。

「私もまったく同感です。部長の元で働けて本当に光栄だと思っています」

「そうか。黒空君にはそう遠くない将来、もっと責任のあるポジションに就いてもらいたいものだな。それから、佐々木。ついでに、できないお前にもう一つ教えておいてやる。もっとも優れた時間術というのは、弱小の取引先など次々と切り捨てることだ」

「弱小の取引先の切り捨て？」

ボクは、質問めいた独り言を発し、ため息を一つつくと言葉をつなげた。

「白雲部長は相当この会社、いえ、この会社にヘッドハンティングされて部長職に就いているご自身に誇りをお持ちのようですが、ちなみに部長は取引先に見積書を出すときにはどうしていますか？」

「そんなの、部下にエクセルで作らせて、エクセルブックを添付してメールを出しておしまいだ」

「そうですよね。今どき、エクセルなんて文房具ですもんね。もちろん、それを出すメールも。確かに、当社くらいになるとそれで成約できてしまう。時間もかからずに効率的です。私が先ほど見せたエクセルのマクロだって、ある意味、『高級な文房具』です。今後、仮にこの高級な文房具が使われることになっても、そのうちそれが当たり前になって、感謝の気持ちも忘れられていくでしょう。しかし、そこに至るまでには、誰かが努力をし、お膳立てをしているんですよ。井戸水が飲めるってことは、その井戸を掘った誰かがいるんです」

「はあ？　お前、何を言ってるんだ？　意味がさっぱりわからない」

「最初に苦労した人間は、もっと評価され、尊敬されるべきだと言いたいんです。たとえば、ナックルズ、すこやか、ジョイソン、グラッチ、麺ズチャイナ」

「なんだ。全部、我々ヨビト商事の取引先のファミレスじゃないか」

「そうです。だけど、今挙げたのはほんの一部。ヨビト商事の取引先の三十分の一以下です。ちなみに白雲部長は、今の五つの会社と取り引きするときにはどうしてますか？」

「さっきも言っただろう。そんなの文房具を使うだけだよ」

「確かに、メールにエクセルブックを添付して送信したら、はい、おしまいでしょうね」

「当たり前だろう。なんたって、私たちは天下のヨビト商事だからな。お前、部長の私に何が言いたいんだ！」

「天下のヨビト商事？　部長の私？　おい、白雲。お前、調子に乗ってんじゃないぞ！」

一瞬にして、場がお通夜のように静かになった。

全員が目を見開き、顔面蒼白で呼吸をするのも忘れている。一部の社員など、今にも泣き出しそうな顔をしている。

そして、二、三人の生唾を飲み込む音が聞こえると同時に、凄まじい怒声が耳をつんざいた。

「き、貴様！　今、なんて言った！　この私を呼び捨てとは。しかも、『お前』だと！　覚悟があっての発言なんだろうな！」

「はい。どのような処分も甘んじて受けます。ですから、少しだけ黙って聞いてもらえますか。確かに私たちは『天下のヨビト商事』です。だけど、それは今の話ですよね？　でも、昔はそうじゃなかったんですよ。よく考えてください。たかが文房具のエクセルとメールで商談がまとまってしまう。それって、凄いことだとは思いませんか？」

「そりゃあ凄いことだろう。だがな、それで成約できてしまうからこその『天下のヨビト商事』なんだよ！　そこのところ、わかってるのか、貴様！」

「だから、私が言いたいのはそこなんです。昔はエクセルはありませんでしたが、代りに手書きの見積書をＦＡＸするだけでホイホイと話がまとまっていたと思ってるんですか？」

「…………」

43

ボクは続けた。

「靴底を磨り減らす」というが、文字通り、昔は、年に二足、靴を買い換えながら、一社、また一社と取引先を増やしてきた人がいる。夏は汗だくになりながら、冬には安物のコートをかき合わせて、足を棒にして外回りを続けていた人がいる。

「ヨビト商事？ 知らないよ、そんな会社。ほら、帰った、帰った！」

そんな侮蔑にも、エビのように腰を折って頭を下げて、それでいて笑顔を絶やすことなく、多いときには、一つの案件をまとめるために二十回以上も営業を続けた人がいる。

ヨビト商事の自社カレンダーを「せめて店のトイレでもかまいません。飾ってください」と土下座までした人がいる。ヨビト商事は、その人の流した汗の量に比例するかのように徐々に成長していった会社なのだ。

ヨビト商事は昔から「天下のヨビト商事」ではなかった。昔は「そんな会社」だったのだ。だけど、それを「天下のヨビト商事」にした先人がいる。

「まあ、そういう時代もあっただろうよ。だけど知ったことか。私は二年前に社長直々に請われて金融証券業界からこの会社に来たんだ。先人だかなんだか知らんが、私には関係のない話だ」

「あなたには関係なくても、私には大ありなんですよ、部長。なぜなら、私はその先人の娘にエクセルのマクロを教わったんですから。みなさんも覚えておいてください。その先人の名前は江頭さん。江頭さんはこのヨビト商事の創業メンバーです。しかし、二代目社長の拝金主義に嫌気がさし始めたときに愛する奥様と死別。そんな江頭さんは、恥ずかしながら私も最近まで知らなかったのですが、今ではロボット工学とＡＩの世界的権威として活躍されています。本当にヨビト商事は貴重な社員を失ったものですね。有能な人材の流出。まるでヨビト商事は今の日本の縮図のような会社ですね。なんとももったいない」

「ハハハ。なんとも立派なご高説じゃないか。まともに契約も取れない末席の営業部員がこともあろうか国を語るとはな」

「白雲。だからお前、うるさいんだよ！」

「なんだと！」

「少なくとも俺たち世代はお前よりも真剣に国と向き合ってるんだ。というか、この国を駄目にしたのは白雲、お前の世代だろう。いいか。国の話はともかく、お前は江頭さんが掘ってくれた『会社の信頼』という井戸のおかげで、なんの苦労もなく水が飲めてるんだ。部長面してる暇があったら、今すぐ江頭さんのところに行って深々と頭の一つも下げたらどうなんですか！もっとも、多分江頭さんはもう母国のノルウェーにいるでしょうけど」

「き、貴様！」

白雲はこれ以上ないくらいに顔を上気させている。今にも頭の血管が切れそうだ。

「さっき、もっとも優れた時間術は弱小の取引先を切り捨てることだと言ってましたね。はっ。聞いて呆れますよ。あなたは結果しか見ない。儲かりそうにない取引先は平気で切り捨てる。そんな二代目社長のお気に入りの成果主義の権化だ。だけど、そんな成果主義に嫌気がさして会社を去った江頭さんがいなければ、今も一本の契約をまとめるために客先でペコペコしなきゃならなかった。部長、そんな自分が想像できますか！　まあ、プライドだけで生きてるあなたには無理でしょうね」

そして、ボクは全員に視線を向けた。

「江頭さんの娘さんから聞いた話ですが、江頭さんはこうおっしゃっていたそうです」

『会社が「成長」するのは簡単なことです。顧客にランクを付けて、重要顧客だけフォローしていればいいのだから。しかし、会社が「存続」するにはそれではダメです。小さな取引先でも大切にする。顧客に優劣付けずに相手の立場で仕事をしなければ、確実に会社は滅びます』

「ボクは、その考えにとても共感しました。そして、自分なりに会社に貢献できるようにエクセルのマクロの学習を続けました。すべては、営業のみなさんが定型作業に費やす時間を減らし、たとえ小さな顧客でも、お客様と話し合う時間をより多く確保してもらって、ヨビト商事の強みである『信頼』をもっと強固なものにするためです。お金で時間は買えます。しかし、時間でお金は買えません。時間で買えるのは『信頼』なんです」

そこまで言うと、ボクは肺一杯に空気を入れた。

それは軽い空気であったが、室内に満ちていた空気は違った。まるで、鉛のような重たさであった。

水を打ったような静けさがその場を支配していた。

ノートパソコンのモーター音が聞こえそうなほどの静寂であった。

一瞬、恐怖心に支配されそうになったが、今日のボクは違った。その負の感情を毅然と撥ね退けた。これがボクが選択したチャレンジなのだ。恐れることはなにもない。

ただし、そんな独りよがりの信念など誰にも理解はされないだろう。永遠に続きそうな沈黙の中、ボクにそんな観念が訪れ始めていた。

それでも、ボクは自分に言い聞かせた。

〈これで良かったんだ。ボクはすべてを出し切った。まったく悔いはない。初陣には負けたかもしれないが、誇りを持ってこの場を去ろう〉

そのときだった。小さな拍手の音が聞こえた。

見ると、それはまりんの手から発せられていた。彼女の口元には白い歯がのぞいている。と次の瞬間、別の方向からも拍手の音がし、その音は増幅し、全員が満面の笑みで拍手を始めた。

ついには室内は大喝采に包まれた。

「佐々木！　やるな、お前！」

「俺の業務の自動化も頼むよ！」

「これで、ますます営業に専念できるよ！」

「よ！　営業部、裏方の星！」

みんなの反応に目頭が熱くなった。文字通り、星、スターになった気分だった。


〈ボクは、初陣に勝ったのか？〉


そう思ったら、危うくみんながボクを見ている中で涙がこぼれそうになったが、唇を噛んでこらえた。代りに、小さくこぶしを握りしめた。

だが、現実はなんと残酷で皮肉なものか。ボクのガッツポーズが、息の根を止めたはずのエイリアンの復活の儀式になろうとは。

44

「ハーハッハ！　いや、こいつは愉快！　この会社に来て最高のジョークだ！」

白雲だった。

「おい、佐々木。お前の作ったなんたらシステム。それは認めてやろう。そして、ドンドンとみんなの定型作業を自動化するんだ」

「はい、そのつもりですが……」

「そのためには、どれくらいの期間が必要だ」

「約半年ほどと見積もっています」

「じゃあ、その半年が過ぎたらどうするんだ?」

「え?」

「お前は営業部でなんの仕事をするんだ? その頃にはもう自動化する作業はないぞ」

「くっ」

ボクは、思わず嘆息(たんそく)した。確かに、みんなの作業を自動化してもその後のメンテナンスを考えたらボクが完全に不要になるわけではない。しかし、いつ発生するかもわからないメンテナンスのためだけに雇い続けてもらえるほどヨビト商事の第三営業部、いや、白雲は甘くはない。完全に自分の見立てが甘かった。ボクの……、負けだ……。

「佐々木! お前は、この私にあり得ないほどの無礼な振る舞いをした。本来なら、この場で辞表を出してもらうところだが、まあ、半年待ってやろう。いいか。お前が作ったなんちゃらシステム。それはさして有用なシステムなんかじゃない。お前にとっての単なる半年限りの延命装置だったということだ。ハーハッハ!」

この一言は、ひとしずく残ったボクの反骨心を刺激した。

「部長。残念ながら私には返す言葉はありません。おっしゃるとおり、半年後には第三営業部に私の居場所はないでしょう。ただ、私は私なりに小野寺課長のご協力をいただいて、営業面でも頑張ろうと思えるようになりました。それは、やはりエクセルのマクロと真摯に向き合ったからだと思っています」

「ん？　小野寺課長の協力？　小野寺さん、どういうことだ？」

白雲が小野寺に目線を送ると、彼女は白雲に向かって深々と頭を下げた。

「実は、佐々木君にサンシャイン・フーズの名刺を共有させて欲しいと頼まれまして。部長にご報告せずに申し訳ありませんでした」

「ハーハッハ！　まあ、いい。小野寺さん、頭を上げなさい。きみも、私に無駄な手間をかけさせたくないと思って黙っていたんだろう？　報告してくれなくて、むしろ助かったよ。ハーハッハ！」

〈悔しいが、部長の言うとおりだ。完敗だ……。なにが、イチローにも初陣はあっただ〉

ボクは、自分の人生を一瞬でも、偉大な打者に重ね合わせた厚顔な自分を恥じた。そして、色と言葉を失って意気消沈した。

その瞬間であった。ボクのノートパソコンがメールの着信音を発した。

〈うん？　なんだよ、こんなときに〉

奈落の底で落胆していたボクは、無意識に条件反射だけでメールソフトを開いていた。

45

差出人は、サンシャイン・フーズの担当者だった。

『佐々木さんは、次のようにメールをくださいましたね。

ただ食材を販売するだけでなく、御社の日の当たらない裏方業務の改善も視野に入れて、御社の利益が最大になるように、微力ながらもお手伝いをさせてください。ビジネスと割り切れば、食材の売買などたやすいことです。でも、私は御社とファミリーのようにお付き合いをしたいのです。「御社の温かさ」を大切にしたいのです。それが私の営業理念です。

弊社、サンシャイン・フーズは、佐々木さんの営業理念に深い感銘を受けました。ぜひとも、ヨビト商事さんとの契約を前向きに検討したく存じます。
ただし、二つだけ条件を付けさせてください。
一つは、佐々木さん、あなたが担当してくださることです。
もう一つは、御社の白雲部長は弊社に関わらないようお取り計らいのほどお願いいたします。
この条件でよろしければ、早速ですが今週の……』

その文面は、ボクの思考力を奪うのに十分なものであった。しかし、真綿に水が染みこむように、徐々に頭の中で混乱と理解が広がっていった。

〈嘘だろう？　一社も契約できていないボクが、難攻不落のサンシャイン・フーズの営業担当に？
いや、嘘じゃない。メールにははっきりとそう書かれている〉

そのとき、室内がざわついていることに気付いた。ふと横を見ると、ノートパソコンと繫がった隣のスクリーンにメールの内容が大写しになっていた。

「お、小野寺ー！」

白雲の怒号が飛んだ。

「貴様、なんてことしてくれたんだ！　なぜ、私に報告しなかった！」

小野寺は顔面蒼白で、謝罪の言葉も探り当てられないようなありさまだった。
部員も、まだ現実が腑に落ちていない者、白雲の剣幕に震え上がる者が入り交じり、あたかも洞窟で懐中電灯を切らせたグループのように秩序を失していた。

そのとき、思わぬ人物が立ち上がった。

「白雲部長。部長は先ほど、報告してくれなくてむしろ助かった、とおっしゃっていましたよね。それなのに、なぜ小野寺課長を叱るのでしょう。難攻不落のサンシャイン・フーズとの契約に向けて、その第一歩を踏み出しました。まさかとは思いますが、部下のこの偉業に怒っていらっしゃる。そんな狭量なお考えは微塵もありませんよね」

まりんだった。彼女は、さらに雄弁に続けた。

「それに、小野寺課長も部長に報告しづらかったのではないでしょうか。はっきり申し上げて、この第三営業部は上下の風通しが悪すぎます。そして、失礼ながら、そうした環境にしてしまっているのは部長なのではないでしょうか」

白雲は、体中の血液を顔に集めてまりんを睨んでいる。このままでは、まりんが次の標的になるのは明白だ。

「喜多山さん。座ってください」

ボクは、慌てて彼女を促した。

「でも……」

まりんは不満げな表情をしたが、ボクが再度促すとボクの指示に従った。そして、ボクは彼女の言葉を引き取った。

「喜多山さんの言うとおりです。威圧で下の者を押さえつける。たった今、喜多山さんがそんな近代の恐怖政治のようなシステムに風穴をあけてくれました。今なおパワハラがまかり通るこの組織を変えるなら今しかありません。そして、ボクたち一人ひとりが力を合わせればそれができます。みなさん。これからはファミリーのように連携しながら頑張りましょう！」

すると、室内に大歓声が上がった。

「喜多山さん！　さすが、四社も成約した営業部のマドンナだね！　感動したよ！」

「ということは、佐々木はやっぱり営業部裏方の星か！」

「おいおい。サンシャイン・フーズから担当に指名されたんだぞ。裏方はないだろう」

「でも、途中ですってんころりんってこともあるぞ。だから、裏方の星でいいんだよ」

「それもそうか」

部員同士の漫才のようなやり取りに、みんなが大爆笑した。ボクも大きく笑った。

しかし、初陣に勝利した興奮を押し殺しつつ、一言添えることも忘れてはいなかった。

「白雲部長。もう、給料泥棒とは言わせませんよ。むしろ、部長が給料泥棒にならないようにお気を付けください。少なくとも部長は、サンシャイン・フーズに出禁を喰らってる身ですから」

ボクの言葉に、白雲は獣の咆哮（ほうこう）のような叫び声を上げたが、それは、もはや箍（たが）が外れたみんなの大喝采にかき消された。

46

ボクは、この状態が続いたら本当に泣いてしまうと思った。

そこで、まずはメールソフトを閉じ、次にブックの［×］ボタンにマウスカーソルを合わせた。

「長くなってしまいましたが、デモは以上です。みなさん、ありがとうございました」

言って、マウスをクリックすると、予期せぬメッセージが表示された。（図8-06）

ボクは、寿司屋に入ってメニューを見たら「時価」と書かれていたとき以来の白目をむいた。

〈うわ！　やっちまった！　メッセージの内容を「お疲れ様でした」に変更するのを忘れてた！〉

図 8-06

結果、叫び声はさらに大きくなった。

「おい！　営業部裏方の星が、営業部のマドンナに全員の前で愛の告白だぞ」

「ひょー！　勇気あるー」

「喜多山さん、何か答えなきゃ」

促され、全員の視線を浴びたまりんは赤面してうつむいていた。両手が小刻みに震えている。

みんなの前で恥をかかされ、内心では激怒していることは想像するまでもない。

〈とにかく、まりんさんに謝らないと。「冗談です。忘れてください」と言うんだ〉


「冗談だよ。忘れろよ、まりん」

声の主は、まりんの肩に手を置いた黒空だった。そして、黒空はボクに向かって吐き捨てた。

「佐々木！　お前、調子に乗るのも大概（たいがい）にしろよ！　デモだって試作品だし、サンシャイン・フーズだってまだ成約したわけじゃないだろ！」

黒空の言うとおりだった。

この件は悪いのはボクだ。きちんと謝罪するのが筋だ。

ボクがそう決心を固めたときだった。まりんが黒空の手を振り払って立ち上がった。

そして言った。

「ありがとう、佐々木君。佐々木君の気持ち、とても嬉しいです。そして……」

「……………」

「私も佐々木君と同じ気持ちです」

その瞬間、その日一番の大歓声が上がった。ボクは、生まれてはじめてスタンディングオベーションを目の当たりにした。

笑顔でボクに駆け寄る男性社員たち。まりんを取り囲む女性社員たち。夢でありませんように。本気でそう願った。

いや、こんな出来すぎたことは夢でもいい。その代り、ずっと見続けていたい。みんなの祝福を受けているボクは、間違いなく世界で一番輝いている男だった。

黒空と白雲は、パンチを浴びたボクサーのようにその場にへたり込んでいた。

47

「ヒナにエクセルのマクロを教わっていたのはあの家なんだよ」

言って、まりんを見ると、彼女の美麗な顔をコンビニのライトが明るく照らしていた。一瞬、胸がドキリといった。

「だけど、その陽菜さんはもういないんだよね」

「うん……」

今日は朝から雨だった。ボクは、もしかしたら陽菜があの頃のように窓から手を振ってくれているのではないか。そんな淡い期待を抱きつつ陽菜の家を訪れていた。もちろん、手を振っている女性などいないし窓は閉じられたままだった。

「本当に、ヒナに会った日から週末を除いて六日も連続で雨が降ったこと自体が今にして思えば夢だったように思え……」

そのとき、ボクの背中に電流が走った。

「まりんさん。あの家、電気がついてる」

「ということは、誰かがいるのね。雄一郎君。もしかしたら、陽菜さんってことない？」

「い、いや。そんなはずはないよ。今頃、ヒナはノルウェーだよ。それに、もしあの家にいたとしても、もう彼女の記憶は……」

事情を知っているまりんが寂しげにうつむいたあと言った。

「じゃあ、あの家には誰がいるの？　陽菜さんのお父さんの、江頭家の家なんでしょう？」

「……。まりんさん……」

「わかってる。あの家を訪ねてみたいんでしょう。行ってみましょうよ。それとも、私はこのコンビニで待ってようか？」

「ううん。ぜひ一緒に来て欲しい」

チャイムなどなかったので玄関をノックしたが応答はなかった。

「駄目だ、まりんさん。やっぱり誰もいないみたい」

「でも、明かりをつけたまま出かけるかしら？　鍵はかかってる？」

ボクは、誉められたことではないが玄関の扉を引いてみた。鍵はかかっていなかった。

すると、恐る恐る土間を覗いたまりんが叫んだ。

「うわ、凄い数のビニール傘。四本もあるけど、陽菜さんは独り暮らしだったんでしょう？」


〈四本のビニール傘。全部、俺のだ〉


そのとき、背後から男の声がした。

「ちょっと、何をしてるんですか。人の家の玄関を開けて」

ボクは、振り向いてすぐに驚きの声を上げた。そこには赤い折り畳み傘をさした五十代の男性が立っていた。

「江頭さん！」

「きみは……、陽菜のところに出入りしてた……」

「はい。佐々木です。ヨビト商事の佐々木です。まりんさん。このかたがヨビト商事の創業メンバーの江頭さん」

「はじめまして。私は佐々木君の同僚の喜多山と申します。江頭さんのことは佐々木君から聞いています。というより、今ではヨビト商事では知らない人はいない伝説のかたにお会いできて光栄です」

「いえ、伝説は大袈裟ですよ。それに、私はヨビト商事を逃げ出した身ですから」

「だけど、その後、ロボット工学とＡＩの世界的権威になられた。私、尊敬します」

「尊敬だなんて」

まりんの賛辞に江頭は照れ臭そうに頭をかいた。

「あの、江頭さん。今さしているその赤い折り畳み傘は……」

「あー、娘の陽菜にさっき借りたんですよ」

「さっき借りた！　じゃあ、ヒナは！」

「家にいますよ。でも佐々木君。きみも知っての通り、ヒナの記憶は……」

「わ、わかっています。ただ、一目見るだけでも……。駄目ですか？」

「いいえ、ぜひ顔を見せてあげてください。私は、窓の外で待ってます。大丈夫だと思いますが、万が一陽菜が暴れたらすぐに駆け込みますから」

「雄一郎君。私も江頭さんと一緒に窓の外で待ってるわ」

「ありがとうございます、江頭さん。まりんさんもありがとう。二人とも気を使ってくれて。大丈夫です。もうヒナには通じませんが、ＶＢＡを教えてもらったお礼と、見積入力のデモンストレーションが大成功だったことだけ伝えさせていただきます」

48

「お邪魔します」

玄関で大きく声を発したが返事はなかった。ただ、江頭の許可は得ている。そして、リビングには陽菜がいることも……。


〈大丈夫。何かあれば江頭さんが駆けつけてくれる〉


ボクは、靴を脱いで廊下に上がり、歩を進めて右側にあるリビングを覗いた。

そこには正座で何かに見入っている女性の後ろ姿があった。

ボクは、恐る恐る声をかけた。

「すみません」

女性が振り返ってボクを見る。

その姿は……、まごうことなき陽菜だった。

「ヒ、ヒナ！」

そう呼ばれた女性は、怪訝な表情でボクに尋ねた。

「どうして私の名前を？　って、あなた誰なんですか！　警察呼びますよ！」

「あ、ごめんなさい。ただ、ヒナのお父さんの許可は得てるよ。お父さんはあそこからこちらを見てるから」

ボクが窓に顔を向けると、陽菜も同じ動作をした。

「ホントだ。パパだ。隣にいる女性は誰？　まさか、パパの恋人？　綺麗な人だけど年が離れすぎてない？　あ、あれが今流行り（はやり）の『パパ活』ってやつ？　もう、パパ、最低！」

「違うよ。あの女性はまりんさん。ボクのカノ……。うーん。最近付き合い始めたばかりだけど恋人って言ってもいいのかな。いずれにしても、今のボクにとって一番大切な女性（ひと）だよ。それよりも、お父さんのことはわかるの？」

「わかるっていうか、目覚めたときにあの人がパパだって教わって」

「いつ目覚めたの？」

「一週間前」

「それでもうそんなに日本語が話せるんだ。ＡＩってやっぱり凄いね」

「どうして、アタシがＡＩって知ってるの？　パパに聞いたの？　それとも、アタシ、見た目が変かなー。この人とそっくりに作られたはずなんだけど」

陽菜は写真をボクに見せた。それはあの写真だった。江頭さんの妻だった人。陽菜のお母さんとも呼ぶべき人。

ボクはなぜか涙腺が緩くなったが、目に力を入れて彼女の疑問に答えた。

「その人は、ヒナのお父さんの亡くなった奥さん。つまり、ヒナのお母さんだよ。そして、ヒナはお母さんにそっくりだよ」

しかし、陽菜は何も答えない。混乱した様子で写真の裏を見ている。

「ヒナ、どうしたの?」

「ユ、ユ、ユー・イ・チ・ロ?」

ボクは思わず膝まづいた。

「ユー・イチロ? V、VBA?」

両頬に小川ができた。

顔を上げた陽菜が驚いた様子で叫んだ。

「ちょっと、ユーイチロ! あなた、何してるの、ここで! まさかアタシとナニしに来たの! 不法侵入と強姦未遂で警察呼ぶわよ! それより、あれはどうなったの! ヨビト商事の業務改善!」

次の瞬間、ボクは陽菜を渾身の力で抱きしめていた。もし陽菜が人間だったら骨折していたかもしれない。

「ヒナ! 忘れないでいてくれたのか!」

「突然どうしたの! 窓からパパとまりんさんが見てるでしょ! あれ、まりんさん、下を向いてる」

ボクは陽菜の言葉に構わずに叫んだ。

「ヒナ! ヒナ! ヒナ! ありがとう! おかげで見積入力は大成功だったよ! ヒナにも

見せたかった。あのスタンディングオベーション。すべてヒナのおかげだよ！」

「いや、誰のおかげでもいいから、とにかく放して。外で二人が見てる……。あれ？　ちょっと、ユーイチロ。まりんさんがどこかに行きそうよ」

「え？」

「彼女、絶対に誤解してるよ」

「やばい。追いかけないと。ちょっとここで待ってて」

「そうよ。すぐにまりんさんのところに行ってあげて」

陽菜は、写真を持った手で窓を指さそうとし、そのときに写真がポロリと床に落ちた。

その写真の裏がボクの目に飛び込んできた。

私が目覚めたあと
もし若い男が会いに来たら
その人の名前はユーイチロ。
私のVBAの生徒。
だけど
このあと嫌われちゃうから
絶対会いに来ないけど。

パプリカ
カプシクム属
ナス科

花言葉
あなたを忘れない

End Sub

■著者略歴

大村あつし（おおむらあつし）

主にExcel VBAについて執筆するテクニカルライターであり、20万部のベストセラー『エブリ リトル シング』の著者でもある小説家。過去にはAmazonのVBA部門で1～3位を独占し、上位14冊中9冊がランクイン。「永遠に破られない記録」と称された。
Microsoft Officeのコミュニティサイト「moug.net」を1人で立ち上げた経験から、徹底的に読者目線、初心者目線で解説することを心掛けている。また、2003年には新資格の「VBAエキスパート」を創設。
主な著書は『かんたんプログラミングExcel VBA』シリーズ、『新装改訂版Excel VBA本格入門』（技術評論社）『Excel VBAの神様～ボクの人生を変えてくれた人』（秀和システム）『マルチナ、永遠のAI。～AIと仮想通貨時代をどう生きるか』（ダイヤモンド社）『しおんは、ボクにおせっかい』（KADOKAWA）など多数。

カバー・本文デザイン　松崎徹郎（有限会社エレメネッツ）
カバー・本文イラスト　蛭田サオリ

エクセル業務改善の女神
仕事が激的に変わるマクロプログラミング

2025年5月10日 初版　第1刷発行

著　者　大村あつし
発行者　片岡 巌
発行所　株式会社技術評論社
　　　　東京都新宿区市谷左内町21-13
　　　　電話　03-3513-6150　販売促進部
　　　　　　　03-3513-6166　書籍編集部
印刷／製本　日経印刷株式会社

ISBN978-4-297-14872-0 C3055
Printed in Japan

■お問い合わせについて

●本書に関するご質問については、本書に記載されている内容に関するもののみとさせていただきます。本書の内容と関係のないご質問につきましては、一切お答えできませんので、ご了承ください。
●本書に関するご質問は、FAXか書面にてお願いいたします。電話でのご質問にはお答えできません。
●下記のWebサイトでも質問用フォームを用意しておりますので、ご利用ください。
●お送りいただいたご質問には、できる限り迅速にお答えできるよう努力いたしておりますが、場合によってはお答えするまでに時間がかかることがあります。また、回答の期日をご指定なさっても、ご希望にお応えできるとは限りません。
●ご質問の際に記載いただいた個人情報は、質問の返答以外には使用いたしません。また返答後は速やかに削除させていただきます。

■お問い合わせ先

〒162-0846
東京都新宿区市谷左内町21-13
株式会社技術評論社　書籍編集部
「エクセル業務改善の女神」係
FAX：03-3513-6183

Webサイト
https://gihyo.jp/book/2025/978-4-297-14872-0

『エクセル業務改善の女神』

付録

「見積入力」の開発のポイント

この付録の目的

さて、『エクセル業務改善の女神』はお楽しみいただけましたでしょうか。そのストーリーの中でもExcel VBAの基礎的かつ重要なテクニックは存分に解説しましたが、ここでは補足として、主人公の佐々木雄一郎が第8章でデモを行う「見積入力」がどのように開発されているのか、以下の点を中心にそのテクニックを解説します。

①イベントマクロ
②ユーザーフォームとコントロール
③ワークシートでデータ入力をするメリット

また、上記以外の大切なポイントにも触れますが、本書を読んだばかりの皆様が「見積入力」のマクロを即座に、かつ、完璧に理解するのは若干無理があります。そこで、ここでは「見積入力.xlsm」内のマクロの中から必要な部分だけを抽出して簡潔に紹介しますので、一度にすべてを理解しようとせずに、今後のステップアップのための一つの手段としてこの付録をお読みください。

ですから、この付録で紹介している、もしくは、この付録で紹介しきれなかったVBAテクニックに関しては本書のサポートの範囲外となる点も併せてご理解ください。

いずれにしても、この「見積入力」は極めて独創的かつ効率的な手法で開発されているシステムです。同様のシステムを高度なテクニックを用いて開発するように促している解説書は枚挙にいとまはありませんし、また、そうした手法を批判するわけではありませんが、恐らく上級者ほど「こんな簡単な方法でシステムが構築できるのか」と驚くと思います。

すなわち、そうした「見積入力の独創性と効率性」を実感していただくのがこの付録の目的になります。

ブックレベルのイベントマクロ

雄一郎が「見積入力.xlsm」を開くと、次図のようなメッセージボックスが表示されます。

図1

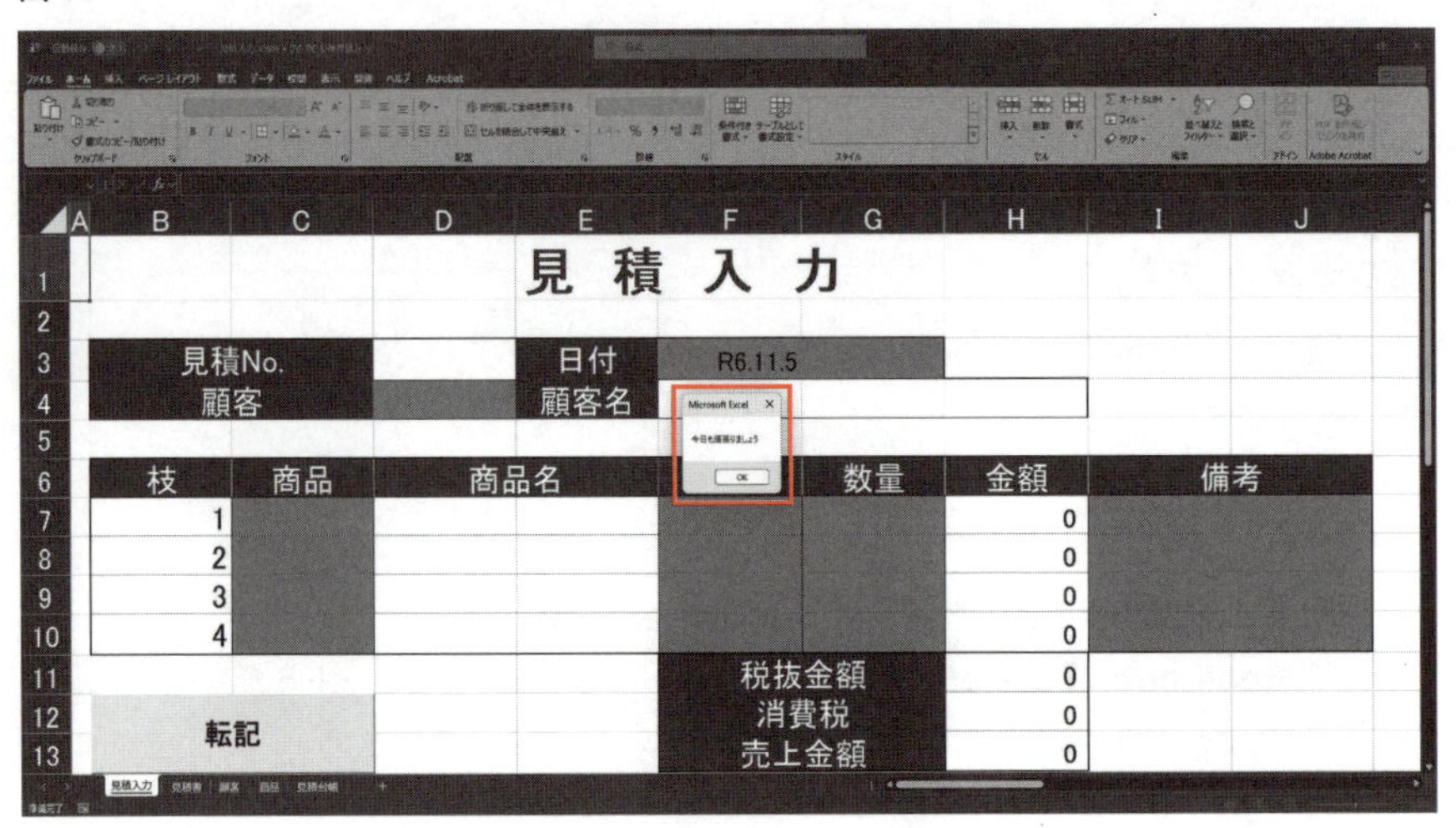

これは、第7章で解説したとおり、「ブックを開く」という「特定のユーザー操作」に反応して自動的に実行される「イベントマクロ」として作成されており、実際にVBEの「ThisWorkbook」モジュールに次のようなマクロが作成されています。

```
Private Sub Workbook_Open()
    MsgBox "今日も頑張りましょう"
    Call 見積追加        'サブルーチンを実行する
End Sub
```

NOTE

イベントマクロの作り方は190ページを参照してください。

これは、「今日も頑張りましょう」とメッセージを表示して、「見積追加」という別のマクロを呼び出すものです。

このように、Excel VBAではマクロの中から別のマクロを呼び出すことができ、このとき「呼び出されるマクロ」のことを「サブルーチン」と呼びます。

そして、サブルーチンはCallステートメントで呼び出します。

なお、雄一郎が最後に「見積入力.xlsm」を閉じると、「まりんさん、愛しています」というメッセージボックスが表示されますが、これもイベントマクロで、「ブックが閉じる」というイベントに反応して自動実行されるマクロです。

実際に、「ThisWorkbook」モジュールに次のようなマクロが作成されています。

```
Private Sub Workbook_BeforeClose(Cancel As Boolean)
    Application.EnableEvents = False          'Sheet1のイベントを無効にする
    Range("Dataクリア").ClearContents         '入力画面をクリア
    Application.EnableEvents = True           'Sheet1のイベントを有効にする
    MsgBox "まりんさん、愛しています"
End Sub
```

この「Workbook_BeforeClose」がブックを閉じるときに自動実行されるイベントマクロです。

そして、「まりんさん、愛しています」とメッセージボックスを表示しているのは最後のステートメントですが、ここではその上の3つのステートメントについて簡単に解説します。

まず、上から2行目に次のステートメントがあります。

```
Range("Dataクリア").ClearContents             '入力画面をクリア
```

これは「Dataクリア」と名前が定義されたセル範囲（セルD3:D4やセルC7:D10など）を**ClearContentsメソッド**で消去するものです。

「Dataクリア」セル範囲を消去しないと次のデータ入力の邪魔になりますし、何よりも入力作業が終わったときにセル範囲を空白に戻すのはマクロ開発の基本中の基本です。

それよりも、ここで難しいのが1行目と3行目のステートメントです。

まず、2行目のステートメントで「Dataクリア」セル範囲を空白にすると、ブックの下位オブジェクトであるワークシート、ここではVBEの「Sheet1」モジュールに作成されている**「セルの値が変わったときに自動実行されるWorksheet_Changeマクロ**」が自動実行されてしまいます。

ただし、ここではWorksheet_Changeマクロを自動実行する必要はありません。

そこで、Worksheet_Changeマクロが自動実行されてしまわないように、1行目で**EnableEventsプロパティに「False」を代入して、イベントマクロが一切実行されないようにしています**。

```
Application.EnableEvents = False          'Sheet1のイベントを無効にする
```

そして、3行目で今度は逆に**EnableEventsプロパティに「True」を代入して、イベントマクロが自動実行されるように初期状態に戻しています**。

```
Application.EnableEvents = True           'Sheet1のイベントを有効にする
```

以上の手法によって、「Dataクリア」セル範囲を空白にしてもWorksheet_Changeイベントマクロが自動実行されないようにしています。

これはとても重要なテクニックですので少しずつマスターしてください。

ユーザーフォームとコントロール

本書の224ページで、次図のようなダイアログボックスが表示されます。

図2

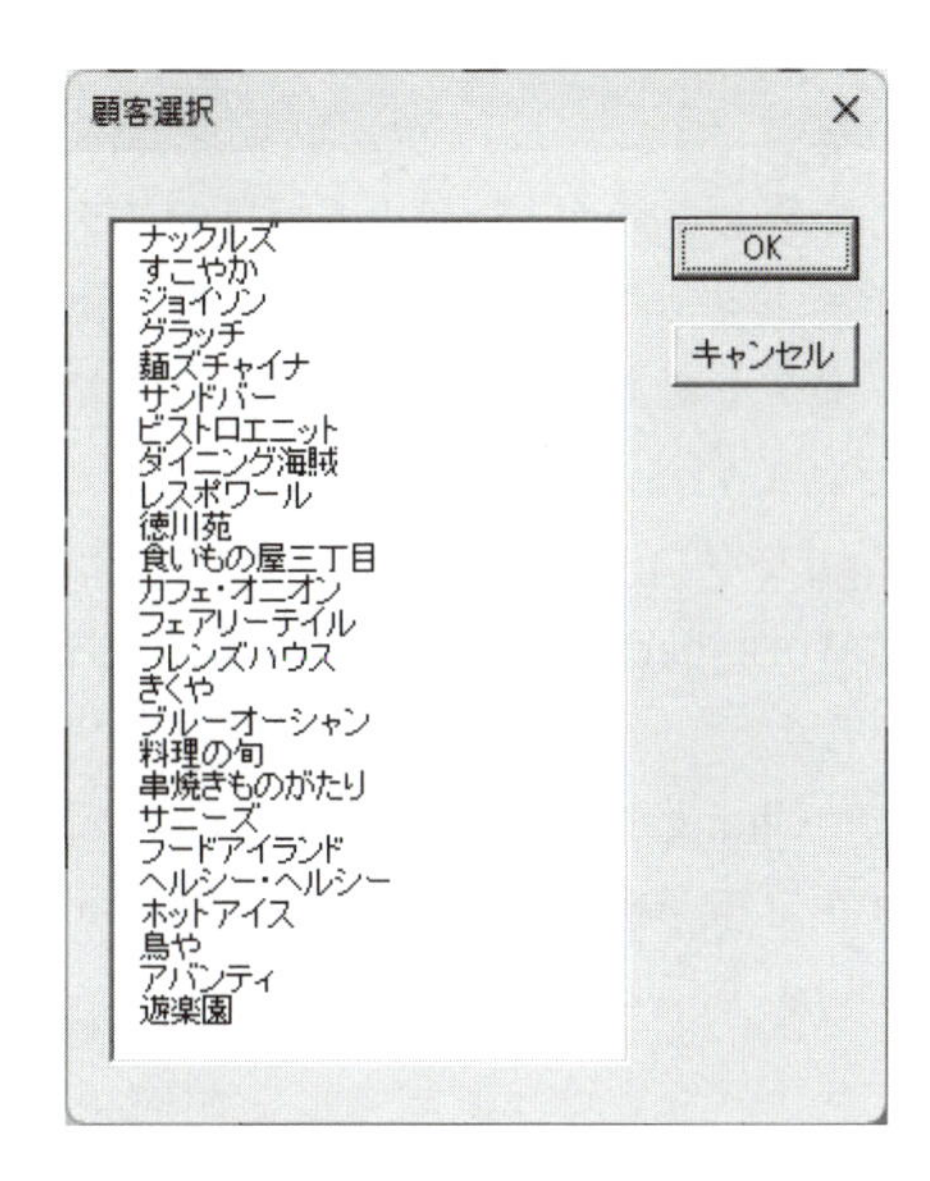

このダイアログボックスの正体ですが、これは第7章で解説したとおり「**ユーザーフォーム**」と「**コントロール**」です。

ちなみに、ここでは**リストボックス**内に顧客名を表示し、[OK] と [キャンセル] の**コマンドボタン**も配置しています。

そして、[OK] ボタンがクリックされたら、リスト内で選択されている顧客の「顧客コード」をセルD4に、「顧客名」をセルF4に転記しているのですが、このマクロはVBEの「UserForm1」モジュール内の「cmdOK_Click」イベントマクロで実行しています。

なお、顧客コードは、「cmdOK_Click」イベントマクロ内の次のステートメントで取得しています。

```
Range("顧客").Value = Worksheets("顧客").Range("A3") _
    .Offset(ListBox1.ListIndex).Value
```

リストボックスで項目を選択するとインデックス番号が**ListBoxコントロール**の**ListIndexプロパティ**に格納されるので、そのインデックス番号を利用して「顧客」シート内でセルA3を基準に**Offsetプロパティ**でインデックス番号の数だけ下に移動して顧客コードを取得し、「見積入力」のセルD4（「顧客」と名前が定義されたセル）に表示しています。

また、選択された顧客名はListBoxコントロールのValueプロパティに格納されているので、次のステートメントだけで取得が可能です。

```
Range("顧客名").Value = ListBox1.Value
```

同様に、セルC7:C10の商品コードをダブルクリックしたときに次図のダイアログボックスが表示されますが、商品コードを「商品」シートから取得しているだけで、仕組みは顧客コードと顧客名の取得の場合と何も変わりません。

図3

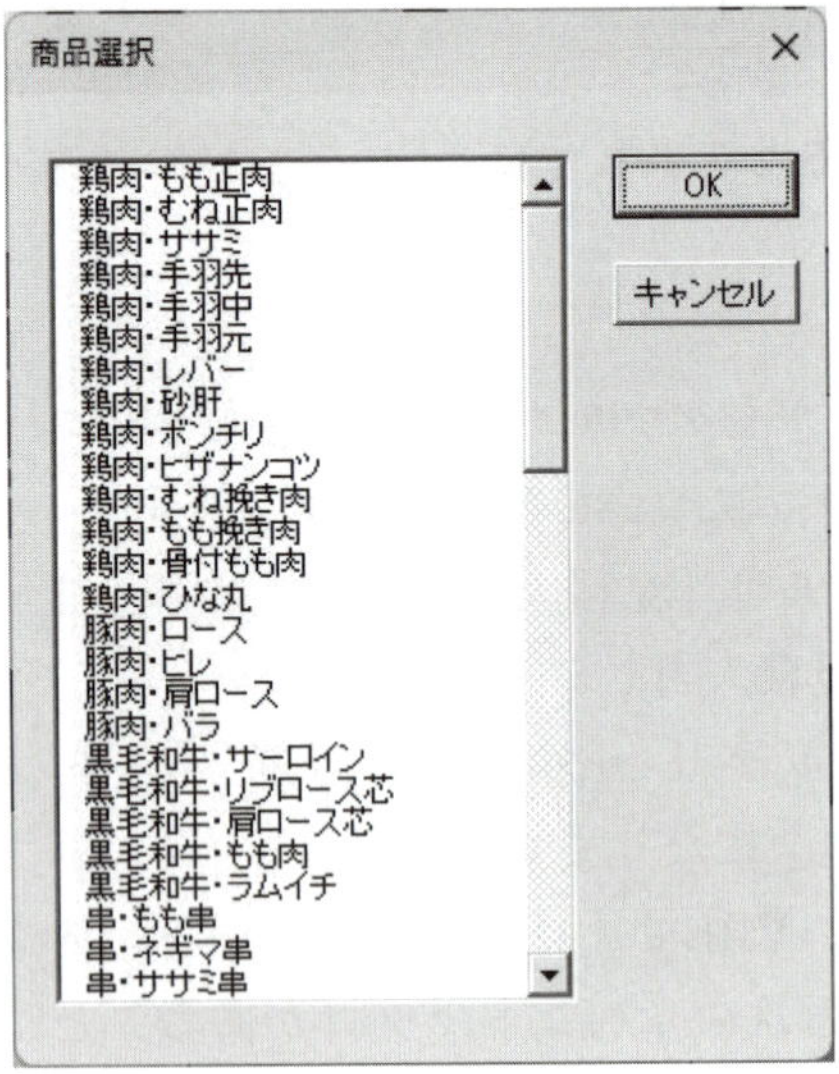

商品選択
鶏肉・もも正肉
鶏肉・むね正肉
鶏肉・ササミ
鶏肉・手羽先
鶏肉・手羽中
鶏肉・手羽元
鶏肉・レバー
鶏肉・砂肝
鶏肉・ボンチリ
鶏肉・ヒザナンコツ
鶏肉・むね挽き肉
鶏肉・もも挽き肉
鶏肉・骨付もも肉
鶏肉・ひな丸
豚肉・ロース
豚肉・ヒレ
豚肉・肩ロース
豚肉・バラ
黒毛和牛・サーロイン
黒毛和牛・リブロース芯
黒毛和牛・肩ロース芯
黒毛和牛・もも肉
黒毛和牛・ラムイチ
串・もも串
串・ネギマ串
串・ササミ串
OK
キャンセル

シートレベルのイベントマクロ

次に、雄一郎が「見積入力」のデモで「顧客」セルをダブルクリックすると、先に紹介した「顧客名」のユーザーフォームが表示されるテクニックについて解説します。

実は、これもイベントマクロです。

ただし、先に紹介したのは、ブックというオブジェクトに対して「開く」「閉じる」というイベントが発生したときに自動実行される「ブックレベルのイベントマクロ」で、そのイベントマクロは「ThisWorkbook」モジュールに作成されていました。

では、「顧客」セルをダブルクリックしたときに自動実行されるイベントマクロは、「どのレベルのオブジェクト」に対して発生しているのでしょう。

普通に考えれば「セル」というオブジェクトに対して発生したイベントですが、実は、Excel VBAではセルに対して発生するイベントはありません。しかし、その代わりにそうしたイベントは「シート」オブジェクトに対して発生します。

そこで、このようなケースでは、「シートレベルのイベントマクロ」を作成します。

では、「顧客」セルをダブルクリックしたときにユーザーフォームを表示するイベントマクロについて簡潔に解説します。

まず、「顧客」セルは「見積入力」シートにありますので、イベントの対象となるのは「見積入力」シートです。

そして、「ダブルクリック」というイベントは、Excel VBAでは「BeforeDoubleClick」になります。

それを踏まえて、VBEで「見積入力」シート、すなわち「Sheet1」のモジュールを見ると次のイベントマクロがあることがわかります（マクロは抜粋です）。

補足

シートレベルのイベントマクロも作成方法はブックのときと同じです。

図4

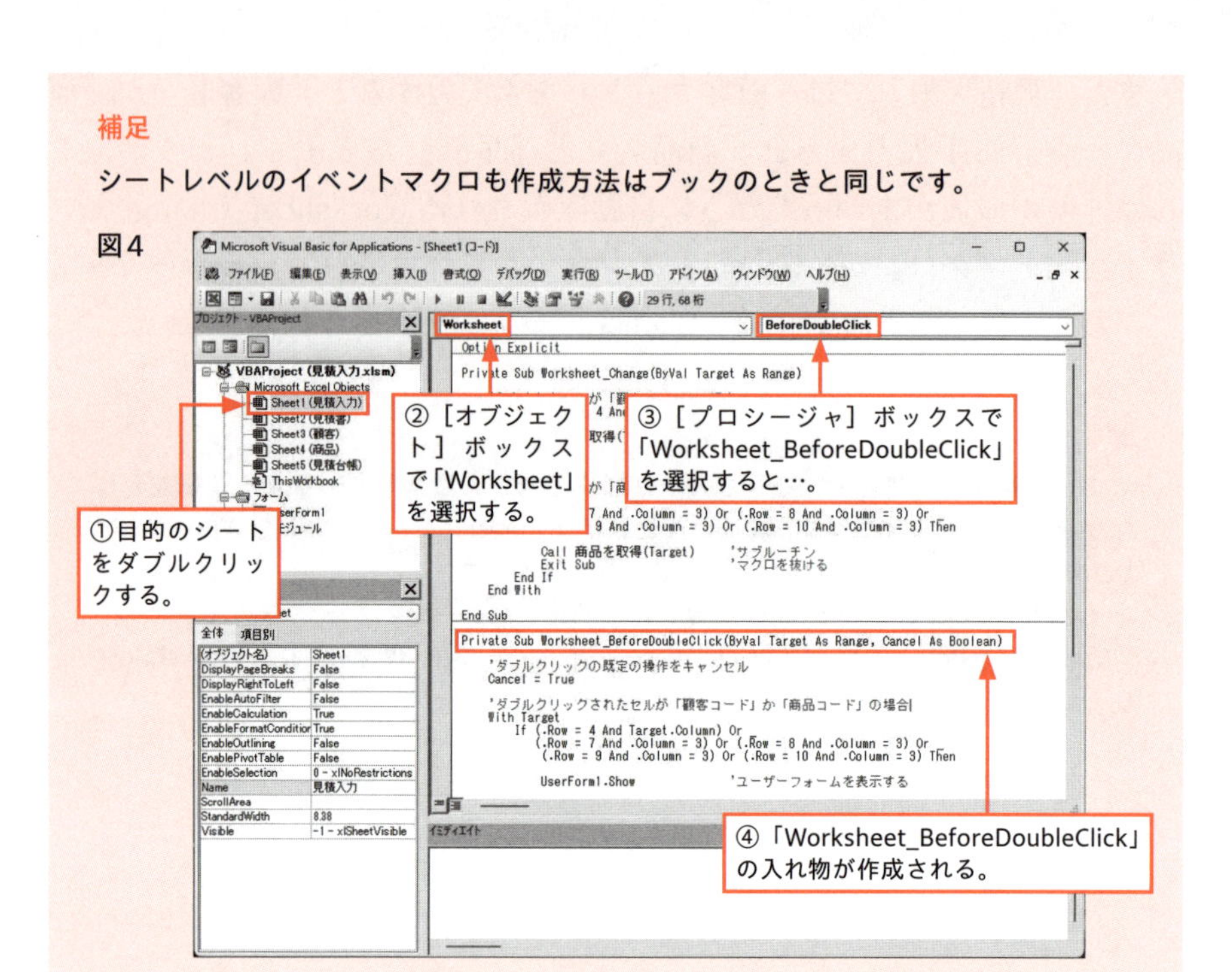


```
Private Sub Worksheet_BeforeDoubleClick(ByVal Target As Range, Cancel As Boolean)
    'ダブルクリックされたセルが「顧客コード」か「商品コード」の場合
    With Target
        If (.Row = 4 And .Column = 4) Or _
            (.Row = 7 And .Column = 3) Or (.Row = 8 And .Column = 3) Or _
            (.Row = 9 And .Column = 3) Or (.Row = 10 And .Column = 3) Then
            UserForm1.Show                'ユーザーフォームを表示する
        End If
    End With
End Sub
```

これは、ダブルクリックされたセル番地は引数の「Target」に格納されているので、そのセル番地をRowプロパティ（行番号）とColumnプロパティ（列番号）で調べて、もしそのセルが「顧客コード」か「商品コード」だったらユーザーフォームを表示するというものです。

また、「見積入力」では「顧客コード」を手入力すると「顧客名」が、「商品コード」を手入力すると「商品名」と「単価」が表示されますが、これは「セルの値が変わったときに自動実行されるWorksheet_Changeというイベントマクロ」が「Sheet1」モジュールに作成されているからです。

こちらのイベントマクロは「Sheet1」モジュールをご覧ください。

補足

この「見積入力」ではセルをダブルクリックしたときにユーザーフォームを表示していますが、それはこれまで解説したとおり「Sheet1」モジュールに「Worksheet_BeforeDoubleClick」イベントマクロを作成したからです。
もし、セルを右クリックしたときにユーザーフォームを表示するのであれば、「Worksheet_BeforeDoubleClick」イベントマクロの代わりに「Worksheet_BeforeRightClick」イベントマクロを作成してください。

その他の重要なテクニック

では、本節では「覚えておくと便利なテクニック」をいくつか簡潔に紹介します。

①セル範囲を画面一杯に表示する

「見積入力.xlsm」を開くとセルA1:J13が画面一杯に表示されますが、これは次のステートメントで実現しています。

◎マクロ「見積追加」

```
Range("Data入力").Select
ActiveWindow.Zoom = True
```

「Range("Data入力")」というのがセルA1:J13のことで、そのセル範囲をSelectメソッドで選択したあとに、**Zoomプロパティ**に「True」を代入すると選択されているセル範囲が画面一杯に表示されます。

②最新の「見積No.」を取得する

「見積入力.xlsm」を開くとセルD3に最新の「見積No.」が表示されます。

その理由ですが、まず、これまでに入力した見積データは「見積台帳」シートに転記されています。そして、「見積台帳」シートのA列が「見積No.」です。

すなわち、このA列の「見積No.」の最大値を探して、その値に「1」を加算すれば最新の「見積No.」を表示することができます。

そして、それを実現しているのが次のステートメントです。

◎マクロ「見積追加」

```
myData件数 = Worksheets("見積台帳").Range("A2").CurrentRegion.Rows.Count
myData範囲 = "見積台帳!A3:A" & myData件数
Range("No").Value = Application.WorksheetFunction.Max(Range(myData範囲)) + 1
```

最後のステートメントでA列の「見積No.」の最大値を探して、その値に「1」を加算しているのですが、ここで覚えていただきたいテクニックが「**マクロの中でExcelのワークシート関数を使う**」です。

実際に、上のステートメントではExcelのMAX関数を使って最大値を求めています。

このようにマクロの中でExcelのワークシート関数を使うと、本来はループをしてデータを探すような処理でもループをする必要がなくなります。

また、ループしない分、マクロの処理も大幅に高速になります。

これは極めて重要なテクニックですが、なぜか多くの解説書で紹介されていないか、もしくは「裏技」扱いされていますが、これは裏技でもなんでもありません。絶対に知っておくべき必須テクニックです。

ちなみに、「見積入力」システムでは、ほかにもマクロ「データ転記」の中で次のようにExcelのワークシート関数のCOUNTA関数を使用しています。

```
my転記件数 = Application.WorksheetFunction.CountA(Range("商品"))
```

ワークシートでデータ入力をするメリット

では最後に、ワークシートでデータ入力をするメリットについて解説します。

実は、「見積入力」のようなシステムになると上級者ほどユーザーフォームとコントロールを使用する傾向があります。もちろん、それが悪いわけではありません。

ただし、クライアントの要望でそのようなシステムにしなければならない状況を除けば、わざわざユーザーフォームとコントロールを使ったシステムにする必要はないと筆者は考えます。

実は、「見積入力」では、データを入力するセル範囲は当然画面に表示されていますが、データを入力していくと、画面から隠れているセル「データ転記」（セルM19:Y22）にも同じデータが表示されます。

図5

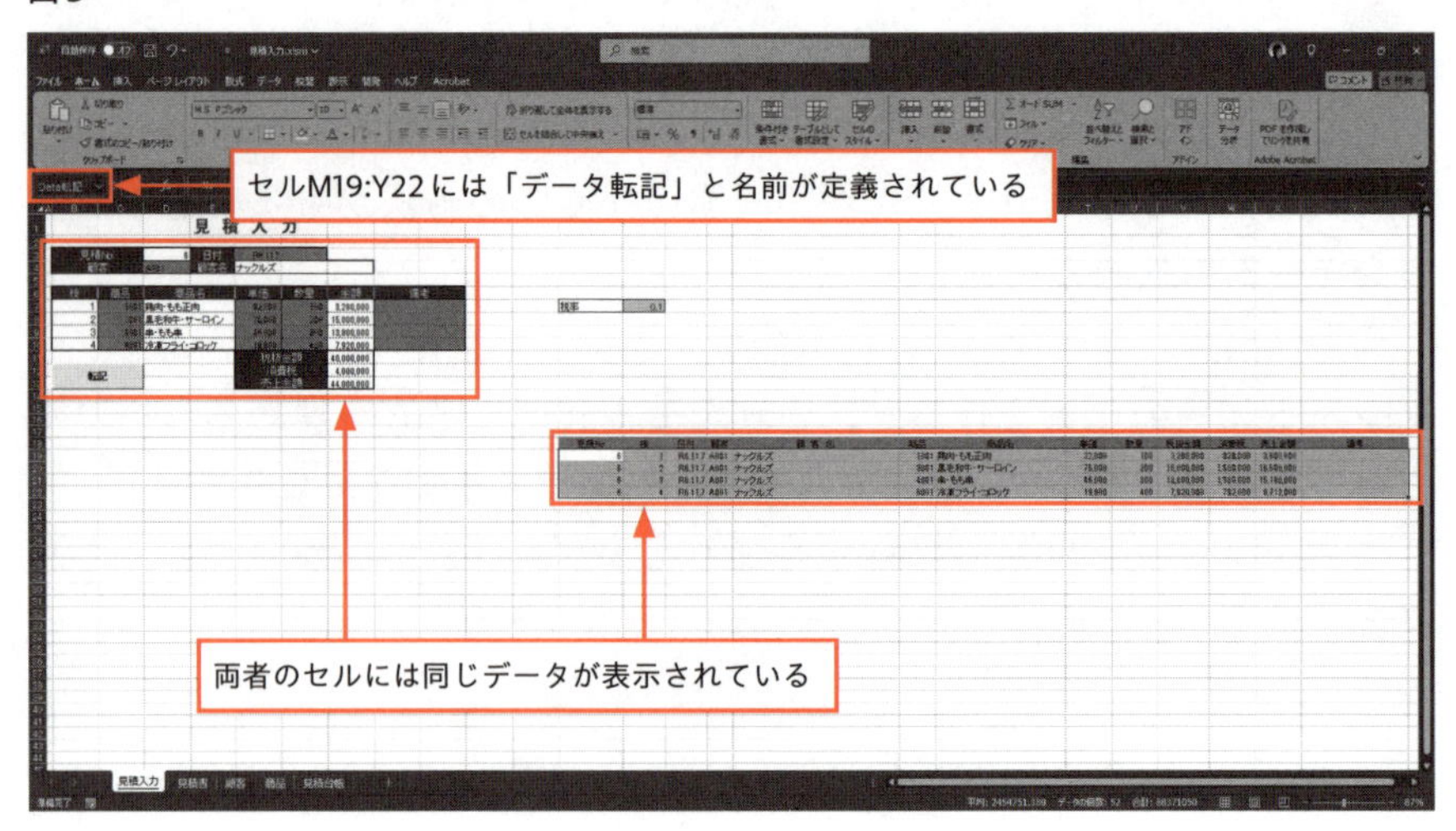

そして、セル「データ転記」（セルM19:Y22）には「=セル番地」のような単純な数式を入力しておき、画面左上で入力されたデータを引っ張ってきています。

しかも、セル「データ転記」（セルM19:Y22）は「見積台帳」シートと同じフォーマットなので、セル「データ転記」（セルM19:Y22）をコピーして「見積台帳」シートに貼り付けるだけで、入力するたびに「見積台帳」シートにデータが蓄積されていきます。

ちなみに、その転記処理をしているのが次のステートメントです。

◎マクロ「データ転記」

```
'見積データをコピー
Range("Data転記").Resize(my転記件数).Copy

'見積データを貼り付け
Selection.PasteSpecial Paste:=xlPasteValues      '値
Selection.PasteSpecial Paste:=xlPasteFormats     '書式
```

Copyメソッドでデータをコピーして、PasteSpecialメソッドで「見積台帳」シートにデータを貼り付けています。

もしかしたら、本書を読んだばかりの皆様の中にはこれでも難しく感じる人もいるかもしれませんが、間違いなくこの方法がもっともシンプルなデータの転記方法です。

入力伝票用にユーザーフォームやコントロールを使うのではなく、ワークシートに入力伝票を作ると、隠れたセル範囲に数式を埋め込んでおくだけでここまで手軽にマクロシステムが構築できるようになります。

このテクニックは他の書籍でもほとんど解説されていないので、これを機会にぜひとも習得してください。

技術評論社